U0380508

国家社科基金项目“我国网络地理信息安全的政策研究”
（项目批准号：16BZZ017）结项成果

中国网络地理信息安全的政策研究

ZHONGGUO WANGLUO DILI XINXI ANQUAN DE
ZHENGCE YANJIU

赵晖 著

人民出版社

目　录

第一章
网络地理信息安全政策相关概念界定

对于任何一项研究而言，明确厘定核心学术用语、准确设定基本问题是开展此项研究时首先要完成的不可或缺之奠基性工作。网络地理信息安全是地理信息安全研究的一个新领域，对于其基本概念的阐释与建构尤为关键。对于网络地理信息安全的管理，主要从网络地理信息、网络地理信息安全问题以及对网络地理信息安全的监管等几个方面进行研究。故而，本章的研究目标在于：首先阐释网络地理信息以及网络地理信息安全的概念，接着从不同的层次结构探讨网络地理信息的安全并且分析对网络地理信息安全造成威胁的影响因素，最后重点阐述网络地理信息安全监管政策的概念与内涵，为全文的逻辑展开奠定理论基础。

一、网络地理信息安全

（一）地理信息

Matt Duckham 等在其专著《Foundations of Geographic Information Science》中通过〈x, z〉的“元祖”形式对“地理信息”一词作出了定义，x 是对时空位置的标记，而 z 则是与此标记相关的属性方面。中国标准出版社的地理信息系统区别于其他类型信息的最显著标志在于地理信息属于空间信息，它是通过数据来进行标识的，也是地理信息的定位特征。地理信息数据的来源不一，可划分为影像数据、元数据、地形数据、地图数据以及属性数据。

具体来说，地理信息（Geographic Information）主要是关于空间以及地理分布的相关信息，包括了自然地理相关要素和地表人工设施有关的数量、质量及其联系、分布特征、文字、数字、图形、图像等。地理信息的特性除了可储蓄、可传输、可转换、可扩充、商品性与共享性等一般特性外，还具备以下独特特性：

一是区域性。也就是说空间位置的识别是依据一个特定的公里网或者是经纬网来建立相关地理坐标并加以确定的，同时会根据特定的区域来加以并合或分离信息。

二是多维性。即为了实现多个专题的三维结构，会以二维空间作为基础。也就是说，在同一个坐标位置上，会显示多个专题及其属性信息。例如，同一个地面点，能够获取多种信息，包括污染、交通、高程等等。

三是动态性。描述的是地理信息的一个动态变化，或者说是一种时序特征。比如可以根据时间尺度对地理信息进行划分，分为超短期(如地震、海啸)、短期（如夏季高温、江河洪水)、中期（如作物的估产、土地的利用)、长期(如水土流失、城镇化)、超长期(如地质变化、板块运动）等。地理信息大都以时间尺度进行划分，同时也有相应的要求，即保证地理信息的及时收集与更新，并从相关的信息与数据中找出时间分布规律，以此来预测与预告未来的情况。

（二）网络地理信息

简单地说，网络地理信息指的是承载于网络的与空间分布相关的信息。这些信息存在于网络和固有的环境中，包括了地表物体、数量、质量、分布特征、联系以及具备规律性的那些文字、数字、图形、图像等。具体来讲，之前提及的网络地理信息表现在通过计算机网络形成、办理、传输并储存的图表、图像、文字、音频、视频等等多种形式的信息存储在光磁等非纸介质的载体中，然后通过计算机、网络通信或者是终端的方式所再现出来的地理信息，是在网络上所表现出的自然和人文地理实体的高程、位置、长度、面积、深度等位置信息数据以及地理属性信息数据。网络地理信息主要表现形式是网络文本、互联网地图、信息数据、导航产品、卫星像片、航空像片、声像资料等。网络地理信息主要有六个典型特征。

一是主权性。地理信息是国家主权的象征之一，也是现代国家保持领土、领空、领海及相关主权单位的基本象征。传统的地理信息涉及国防、外交、军事等多个方面，随意的发布和传输可能会导致国家主权受损，给国家安全带来巨大的危害。网络地理信息虽然是在网络信息技术发展条件下产生的全新的地理信息生产、使用、储存和共享的形式，但是从本质上看来，仍然具有传统地理信息的主权性特征。网络地理信息在传输、共享甚至储存中更容易遭到泄露和破坏，所以更加容易对国家安全造成危害，国家主权在网络地理信息层面更加需要重点保护。

二是网络性。即地理信息的采集、储存、传播、登载和展示都以网络为载体，并将发挥越来越重要的作用。例如，互联网地图网站的进一步发展为人们提供了越来越多的便利，人们在网上可以查找交通路线、观看更高清晰度的卫星影像、甚至可以标注自己喜欢的那些景点并与全球的网友分享其地标信息。网络地理信息和传统地理信息的一个重要区别，就是由于网络自身的特殊性。互联网具有众多特征，包括了分散性、交互性以及开放性，比如在网络场域中，私有和公共网络相互连接，民用和军用网络相互连接。同时国家间的网络也是一个整体互联网。用户数量非常庞大，很难判断网络信息安全攻击的来源。这会造成网络地理信息安全隐患源的弥散性。除此之外，活动主体也表现出虚拟性特征，在网络地理信息泄密、窃取等安全事件中，活动的发生具有很大隐蔽性，活动的发生不受空间、时间的限制，活动身份主体很难确认，而且没有痕迹，很难发现、鉴定和检测。网络环境的这些特点使得网络地理信息安全监管变得更加困难。

三是地理性。即网络上显示、记录、存储、标注的是空间坐标、高程、地物属性信息。狭义上，网络地理信息是存在于网络的国家基础地理信息，也就是储存于网络上的全国范围内多种地貌、水系、比例尺、地名、交通、居民地等基础地理信息，其中有矢量地形要素、栅格和地图数据、地名数据、DEM（数字高程模型）数据和正射影像数据等等。地形数据指的是国家基本比例尺地形图上的各种要素，即水系、交通、居民地、境界、植被、地形等根据特定规则分层、根据标准分类进行编码，并对各个要素具有的属性信息、空间位置和相互间空间关系等数据采取收集、编辑和处理的方式而形成的数据。地名数据指的是将国家基本比例尺地形地图的各类地名标注，包括河流、湖泊、山峰、山脉、岛屿、海洋、沙漠、盆地、居民地、自然保护区等名称，与其汉语拼音和属性特征如政区代码、类别、归属、交通代码、网格号、图幅号、高程、图版年度、图名、X 坐标、Y 坐标、更新日期、纬度、经度等输入计算机所形成的数据。数字高程模型数据指的是根据一定的格网间隔的方式采集地面高程以此建立的规则格网高程数据。正射影像数据库是指影像数据经由对航空航天遥感数据或者是扫描而来的影像数据进行几何校正、辐射校正，同时以数字高程模型进行投影差改正操作而得到的正射影像，有时会附加主要居民地、境界、地名等矢量数据。

四是涉密性。地理信息数据大多涉及国家安全、公民隐私，甚至军事机密。一般来看，地理信息往往分为秘密、机密、绝密等密级，可以体现出地理信息涉密性的特征。在网络条件下，地理信息的范围更加广阔，数量更大且涉及面宽，网络地理信息的保密范围和保密时限大大增加，这与现阶段的国家战略安全具有密不可分的作用。同时在现代国际冲突和战争条件下，战略打击和远程打击成为了军事战争的重要方式，网络地理信息更加成为了重要的稀缺资源，这也使网络地理信息成为各种间谍活动的重要目标，所以网络地理信息的涉密性成为了其重要特征之一。

五是共享性。网络信息技术的迅猛的发展，使网络地理信息的应用得到广泛的传播，人们对网络地理信息的需求日益增强，网络地理信息的共享程度越来越高。随着网络技术的提升，地理信息的获取、使用、传输更加方便，地理信息技术的传播广泛性的增加带来的人类社会革命性的变化。但是值得注意的是，网络地理信息的共享性越强，风险性也将越大。

六是基础性。地理信息是国家、社会和公民的基础性资源。地理信息在于网络技术相结合之后，不仅继续服务于传统的地理科学、国防事业、军事战争、地图测绘、矿产勘查、气象监测等，还拓展了服务行业，深入到社会公民个人的服务方面。网络地理信息的使用已经走进了千家万户，如地图导航、两周之内的天气预报及其他相关地理信息服务都已经越来越多地应用于个人电脑或个人手机之中。网络地理信息的广泛应用，使网络地理信息的安全性更加重要，这不仅关系到传统的国家安全，也关系到公民个人合法权益的保障。

（三）网络地理信息安全

在网络尚未出现时，地理信息的机密性、可获性和完整性保护构成了地理信息安全的内容，也就是说是对数据安全的保护。随着互联网的出现，地理信息安全的内涵进一步拓展。其中包括了授权、鉴别、控制访问、可服务性和抗否认性，以及对知识产权跟个人隐私的保护。两者的结合是现代网络地理信息安全体系结构。

网络地理信息安全指的是存储于网络上地理信息的安全，包括网络系统中硬件、软件和地理信息数据的安全。网络地理信息安全是指保护网络上涉及地理信息传输、存储、处理以及使用的硬件、软件和网络系统中的地理信息数据，使其免受意外或恶意原因的破坏、更改或泄露。网络地理信息系统连续、可靠、正常运行以及地理信息服务不中断。网络地理信息安全的重要功能是制定合理的安全机制及策略，对涉及国家机密的相关活动如网络地理信息存储、加工、传输、运行和应用等加以监管，对有关国民安全、主权的安全、领土安全、政治、军事、经济、文化、科技等方面安全予以促进作用。静态安全与动态安全构成了网络地理信息安全的两个方面。静态安全指在处于没有被传输和处理的状态下，网络地理信息的内容保持秘密性、完整性以及真实性的特征；动态安全指在信息的传递过程中，内容不被修改、破坏、盗取等。

网络地理信息安全由四个部分所组成，包括了软件的安全、数据的安全、信息系统实体的安全以及运行的安全。软件的安全是指保护各类软件及其文档，保证其不被随意地修改、非法复制和失效；数据的安全指对储存的地理信息数据资源进行保护，防止其被修改和非法使用，保证信息完整、可控、可用、保密性及不可否认性；信息系统实体的安全是指在计算机硬件和存储媒介方面予以保护；运行安全即保证地理信息系统能够连续正确地运作，通过对这一系统功能的保障实现地理信息处理过程中的安全保护。总的来说，网络地理信息安全不仅是指"信息的安全"，而且包括"网络系统的安全"。为保障网络地理信息的安全，国家的网络空间须满足六个基本的安全属性要求，即可靠性、可用性、机密性、完整性、可控性以及不可抵赖性。

第一，可靠性。可靠性指的是在规定时间和条件下，系统能够实现预定功能的特性。这里可以用公式描述，即 R=MTBF/（MTBF+MTTR）。R 代表的是可靠性，MTBF 表示的是平均每次故障的间隔时间，MTTR 代表的是平均每次故障所需要的修复时间。可靠性主要表现在四个方面，即硬件的可靠性、软件的可靠性、环境的可靠性以及人员的可靠性。硬件的可靠性是指各类计算机设备（如终端、服务器、工作站等）、网络通信设备（路由器、交换机、集线器、调制解调器）、传输媒体的可靠性；软件的可靠性是指程序在给定的时间内完成任务的成功率；人员的可靠性是指通过人员完成工作或任务的成功率；环境的可靠性是指在规定的一个环境下，网络成功运行的概率，电磁环境跟自然环境是主要环境。

第二，可用性。可用性必须要满足下面的条件：对身份进行识别与确认、对访问进行控制（如限制用户的权限，使其只能访问对应的资源，以此防止或者限制通过隐蔽渠道实现的非法访问）、路由选择控制（对稳定可靠的链路或子路的选择等）、审计跟踪（其中包括事件的类型、时间、信息、统计，回答被管的客体等级等相关信息）。

第三，机密性。机密性是指网络地理信息系统不被非授权使用、网络地理信息不被非授权解析的特性。也就是，地理信息只为授权用户使用而不被泄露给非授权个人或实体的特性。在可靠性和可用性的基础之上，机密性是实现网络地理信息安全的一种重要保护手段。

第四，完整性。完整性是指未曾经过授权的网络地理信息不可以进行更改的特性。也就是说，无论是网络的存储或者是网络地理信息的运输，信息不会被偶然或者有意地删减、伪造、歪曲、丢失和破坏。

第五，可控性。可控性指在网络地理信息系统中，可对地理信息流进行监测与控制的特性。主要体现在内容安全、运行安全的层面上，通过计算机安全技术跟密码技术，对网络上特定的地理信息进行主动的监测、限制、过滤和阻断，保护地理信息在内网存储、传输和交换时的可靠性、可用性、机密性、完整性、可控性和不可抵赖性。

第六，不可抵赖性。不可抵赖性指在通过网络实现的交互过程中，参与者的真实性以地理信息为保证，参与者不能对做过的承诺或者操作予以否认。同时对发信方提出要求，通过信息源证据防止其否认发送的信息不真实，并且也对收信方作出要求，通过递交接受证书防止对收到信息的否认。

二、网络地理信息安全的层次结构

依据不同的划分标准，我们可以将网络地理信息安全的层次结构作如下划分。

（一）网络地理信息安全的结构层次在内容上的划分

第一，物理安全。这主要是在物理介质层面对存储在网络上的地理信息进行安全保护。物理安全在整个网络地理信心安全保障中处于基础地位，是安全系统不可缺少的一环。一方面，无论是软件系统还是硬件系统都需对系统受到的安全威胁及应对措施加以考虑；另一方面，安全意识的加强、安全制度的改善等都将帮助用户和维护人员对网络地理信息进行有效的保护。目前在该层次上的不安全因素可分为三类。

（1）自然灾害（如台风、地震等）、物理损坏（如硬盘破损、外力破坏等）、设备故障（如过热损坏、电磁干扰等）。这类不安全因素严重威胁网络地理信息的完整性和可用性，不过对保密性影响较小，主要是物理层面的破坏会损坏信息本身。针对此种威胁，主要的方式是完善规章制程，及时备份数据等。

（2）电磁辐射（如外设备的电磁干扰）、乘机而入（主要发生在合法用户安全登录后中途离开的情况）、痕迹泄露（如用户上网痕迹被窃取）等。这类不安全因素具有隐蔽性、有意性以及泄露的无意性等特点。这些不安全因素破坏的主要是网络地理信息安全的保密性，对完整性和可用性的影响较小。针对这种因素有效的解决方法主要是辐射防护、密码口令等手段。

（3）操作失误（如错误的删除、线路的拆卸）、意外疏忽（如系统断电、“死机”导致的系统崩溃）。这类不安全因的素特点主要有人为操作带来的无意性及非针对性。这类不安全因素主要威胁地理信息的完整性与可用性，对保密性的影响较小。解决这类隐患的通常方法是：情况检测、警报确认、应急处理等。

第二，安全控制。安全控制主要是指对存储及在网络地理信息系统中传输的信息的处理进程实施管理与控制，安全控制可以分为以下三个层次。

（1）对操作系统的安全控制

对操作系统的安全控制包括：核实用户身份的合法性（如，开机时输入口令），对文件的读写进行控制（如，文件的属性控制）。这类安全控制主要是对存储的地理信息数据进行保护。

（2）对网络接口模块的安全控制

这类控制是指对来自别处的网络通信进程的安全控制。主要包括身份的认证、客户权限的设置和识别等。

（3）对网络互联设备的安全控制

这类安全控制负责检测与控制的是整个子网内存储于所有主机上的传输信息及其运行状态。其实现方式主要是现有的操作系统或网管软件及路由器。

第三，安全服务。安全服务是指在应用程序层保护和鉴别网络地理信息的完整性、保密性及信源的真实性，为用户安全提供保障，有效应对各种安全威胁及安全攻击。安全服务主要涉及机制、连接、协议和策略等。

（1）安全机制

安全机制主要通过密码算法对关键数据进行处理。比如，通过数据加密和解密以保护网络地理信息的保密性；通过数字签名和签名验证来保证信息来源的真实性和合法性；通过防止和确认数据是否被篡改、插入、删减和改变信息认证等保护信息的完整性。安全机制在安全服务及整个安全系统方面起着关键性作用。

（2）安全连接

安全连接的连接过程是在安全处理前与网络通信方共同实现的。主要包括分配会话密钥和确定身份验证。身份认证是对信息处理和操作双方的身份合法性和真实性进行保护。

（3）安全协议

安全协议是多个使用方之间为完成网络地理信息运输与使用所开展的有序步骤。安全协议主要促成网络环境下互不信任的通信方之间的相互合作，为保证可靠性、安全性和公平性则采取安全连接和安全机制的方式。

（4）安全策略

安全策略是对安全机制、安全连接和安全协议的有机组合，为网络地理信息系统的安全性提供了完整的解决方案。安全策略保证了系统的整体安全性和实用性，同时针对不同的系统和环境需要采取不同的安全策略。

（二）网络地理信息安全结构层次与技术保障

第一，物理安全。即在物理装备方面保证网络地理信息系统的安全。包括电磁辐射、抗恶劣工作环境等方面以及应对自然灾害、通信扰乱、电磁泄漏等威胁；从数据备份、电磁屏蔽、抗干扰等方面进行保护。

第二，运行安全。即有关网络地理信息系统运行过程和状态的安全。主要是关于网络地理信息系统的正常运行与有效访问控制的方面，并面临网络攻击、网络堵塞、网络病毒和系统安全漏洞等威胁。针对运行安全的保护主要是从访问限制、病毒防治、应急响应、风险分析、漏洞检测、系统巩固、安全审计等方面进行。

第三，数据安全。从数据生成、加工、传输、存储等环节对地理信息进行安全保护。主要包括数据的泄露、篡改、否认、破坏等并面临数据的窃取、修改、冒充、越权等威胁。从数据加密、认证、访问限制、识别等方面加以保护。

第四，内容安全。即有关非授权地理信息在网络上安全的传播，或者保证地理信息在网络上公开传播的非涉密性。内容安全涉及：（1）基础测绘数据的安全。基础测绘是本地数据和其他数据的一个载体，起着不可或缺的作用，要求有不同尺度、精度和类型。（2）专题数据的安全。为了便于对国情进行有效的监测和分析，地理国情监测需要采用不同的部门与行业的专题数据。而由于这些数据可能关乎到经济、社会、政治、国防等方面的安全，所以会存在保密问题。（3）过程的数据。这是最容易遭受忽视的需要保密的数据，因为很多单位仅仅对源头及结果数据采取保密措施，但没有注意到其实在数据处理流程、方法、算法和中间数据等方面也同样需要保密。（4）成果的信息。需要对国情分析报告中的内容加以区别，注意到其中内容有些不能公开，有些是限制公开范围的，需要明确范围，并设立相应机制和政策予以保障。主要通过从网络地理信息内容方面进行检测和过滤的方式进行数据保护。

（三）网络地理信息安全在网络系统层面的划分

第一，内网安全。内网安全涉及的是政府办公自动化环境，在整个网络地理信息安全中起着基础作用。内部区域的不安全因素对网络地理信息有着很大威胁，原因在于内网与外网的隔离。内网安全主要包括涉密的地理信息访问与传输的安全。

第二，外网安全。外网为政府跟公众建立了沟通的渠道，授权部门通过外网发布相关地理信息，公众可以在网上进行信息的查询以及网络办事等。外网安全既需要保证授权主体提供的信息不被篡改，有效应对服务过程中遭受的安全攻击，同时又要确保授权主体提供的信息不具有涉密性。

第三，数据交换安全。数据交换安全是为了确保内部数据传递的安全性，主要通过内外网的物理层面上的隔离以及数据加密传送，从而为内外网安全的数据交换提供保障。

三、网络地理信息安全所面临的主要威胁

地理信息本身是一种资源，它的普遍性、增值性、共享性、可处理性和多效用性等特点，对人类有着尤其重要的意义。网络地理信息安全的实质是确保地理信息数据在网络上的存储、传输和披露过程中不被非法访问，不受各种威胁、干预或破坏。现在网络地理信息安全主要面临以下几个方面的威胁。

（一）内网安全威胁

内网安全威胁通常是在网络层面出现的威胁。计算机网络为地理信息间的交互提供了通道，同时也成为外界非法入侵地理信息系统的渠道。当涉密内网在与外网间实现物理隔离之后，主要会面临来自以下几方面的威胁。

第一，违规接入。如果涉密内网没有对入网计算机进行身份认证，那么将无法对验证用户的合法身份。在设置了正确的网络地点的情况下，可以从内网任一网络接入点进入内网。此外，外部计算机的非法用户可能会通过内网的对外拨号功能进入到内网之中。一旦非法用户进入到内网，便能直接访问正常的内网资源，严重威胁到内网中的涉密地理信息。

第二，非法外联。非法外联指的是涉密的计算机非法与外部网络连接。一般情况下，涉密网络系统是不被允许接入互联网的，但部分图便利的用户，在内网断开的时候违规地将涉密计算机接入到互联网，与此同时，甚至会使用拨号、宽带和无线，这就对内网的物理隔离造成了破坏。

第三，网络病毒。网络病毒会借由电子邮件、共享网络或自主扫描等方式在网络中进行传播，而内网较高的宽带为病毒的传播提供了便利条件。病毒的传播往往会对网络运行速度造成影响，甚至可能造成服务器瘫痪，对网络运行的可靠性与稳定性造成了严重威胁。

第四，系统漏洞。因为计算机系统是个内容复杂的操作软件，并且在程序开发过程中不可避免的会出现失误，这些漏洞可能会被入侵者所利用。而内网用户的计算机使用水平以及安全意识的薄弱导致对漏洞问题的忽视。此外，物理隔离也会导致内网用户不能得到及时的升级修补漏洞，会成为外界攻击的突破口。

第五，主机安全威胁。主机安全主要涉及到的是操作平台的安全风险，计算机系统与通信安全的缺陷是网络系统的潜在威胁。计算机主机的安全缺陷一般包括硬件、软件及服务三方面漏洞。

第六，涉密载体交叉混用。若缺乏内网对外部接口的有力管控，也容易导致失控事故。某些用户为图一时之便，将内网计算机跟外网计算机的那些外部设备（如传真机等）和移动储存设备（如U盘、移动硬盘等）混合使用，容易导致内网计算机或移动设备中感染木马和病毒，进而导致“摆渡”现象的发生。

第七，管理漏洞。若网络管理员责任感缺失，安全意识薄弱，对服务器或网络设备等疏于安全管理，如账号密码设置太过随意、补丁没有及时更新、登录系统使用默认密码，以及文件及目录设置的不当等，都容易使网络服务器遭受黑客入侵。

第八，物理侵入，指的是外界攻击者通过避开物理控制从而进入系统访问。

（二）外网安全威胁

外网安全威胁指涉密的网络地理信息通过非法途径被出版、销售、转载和展示等，从而产生地理信息的泄密，并对国家安全造成威胁。外网安全威胁主要表现在以下几个方面：一是不具资质的从业主体进行网络地理信息的生产、传播，对地理信息安全造成威胁；二是不健全的审批机制使网络地理信息的出版、销售、转载等过程产生非法行为，对地理信息安全甚至国家安全形成威胁；三是地理信息泄密的预警跟监控机制尚不健全，导致一些地理信息服务主体无意或非法地外泄涉密数据，对地理信息安全乃至国家安全造成威胁。

（三）地理信息数据交换安全威胁

地理信息数据交换安全威胁是指数据的传输过程中可能遇到的威胁。主要体现在几个方面：一是非法传输。非法传输即指在互联网传输涉密地理信息数据时未采取加密和伪装技术从而可能造成泄密。二是攻击者在地理信息数据传输过程中非法拦截数据从而达到窃取目的。为保证数据传送的安全性，数据传输会采取密文发送方式，在结束传输后由客户端解出密文，采取这种方式不仅是对数据保密的加强，同时对数据的压缩也提高了数据传输效率。三是数据传输过程中，数据会遭受偶然或有意的破坏从而威胁到信息的安全性与完整性。如果数据的通信线路存在安全隐患，那么地理信息数据到指定地点的传输就会产生安全风险。地理信息数据的安全交换主要通过信息加密、信息确认以及访问控制技术的方式来实现。

四、网络地理信息安全政策

公共政策是公共组织（主要是政府）在一个特定的环境里为实现或服务于公共目标而采取的法令、规则、策略、措施等的总称。进而言之，网络地理信息安全监管政策可界定为：以政府为主的公共组织在一个特定时期为实现网络地理信息系统的保密性、可用性、完整性和可靠性而制定的各种法令、规则、策略、措施等的总称。可从以下几个层面来理解。

首先，网络地理信息安全政策的制定主体是以政府为主的公共组织。网络地理信息安全涉及主权安全、政治安全和经济安全等国家安全大局，具有很强的公共性，因此，以政府为主的公共组织应是网络地理信息安全政策的制定主体。在网络信息时代，网络地理信息安全的目标已经不能再由国家职能部门单独能够实现，而应该拓展并整合政府相关部门的职责，同时引入社会组织共同参与，充分调动公民个人的参与积极性，分层次地实现网络地理信息安全目标。可见，网络地理信息安全除了需要相关部门的监督和管理，更需要其他个人、社会组织与团体及相关政府部门的协调配合，形成多方的合力。具体而言，网络地理信息安全政策的制定主体可分为四大层次。一是全国人大与国务院。全国人大制定关涉国家主权事项和限制公民人身自由的强制措施和处罚的地理信息安全法律，如《网络安全法》、《地理信息安全法》（未制定）等；国务院制定具有宏观意义的行政法规和一些具有普遍约束力的决定和命令。二是地方各级人大与地方政府。各级地方政府制定关涉地方地理信息安全的政府规章和一些地方性的规范性文件；一些临时性的地方规章或其他规范性文件实施条件，具有立法权（设区的市级人大及其常委会）的人民代表大会及其常务委员会可以制定地方性法规。三是以测绘地理信息行政主管部门为核心的网络地理信息安全监管职能部门。从层次上，既包括隶属国务院的中央职能部门，如国家测绘地理信息局，又包括地方的职能部门，如各省、市、县测绘地理信息局。除了测绘地理信息主管部门之外，网络地理信息安全监管还涉及工商部门、保密部门、网络主管部门、国家安全部门等，这些部门都是网络地理信息安全政策的主要制定主体。测绘地理信息监管部门既是网络地理信息安全政策的制定者，又是网络地理信息安全政策的执行者。四是一些专业性很强的事业单位、国有企业、社会组织和社会公众。促进网络地理信息安全特别是网络安全技术的进步，离不开社会各方面科研机构、技术人才和社会公众的参与，因此，事业单位、国有企业、社会组织和社会公众也应是网络地理信息安全政策制定的参与者。

其次，网络地理信息安全政策的目标是在妥善处理安全与共享关系的基础上保障网络地理信息安全。保障地理信息安全与促进网络地理信息的共享与应用存在一种内在紧张关系（即为了安全，保密过紧，则会影响共享；为了共享，保密放松，又将影响安全），网络地理信息安全政策就是要处理好这种紧张关系，则是要建立确保安全为前提的网络地理信息共享政策。对于那些不涉密的网络地理信息，要放开共享，对于那些涉密（或涉及敏感信息的）网络地理信息，则首先要做好保密，才能促进共享。网络地理信息安全政策的目标就是要在妥善处理安全与共享关系的基础上实现网络地理信息安全的有力保障。网络地理信息安全具有复合性特征。从性质上看，网络地理信息安全体现为可靠性、机密性、完整性、不可抵赖性、可控性。可靠性体现为地理信息的真实性和可靠性与网络地理信息系统的可靠性；机密性体现为地理信息不被非授权解析和网络地理信息系统的不被非授权使用；完整性体现为地理信息不被偶然或蓄意地删除、修改、伪造、重放、插入等破坏和丢失；不可抵赖性是指所有信息操作的参与者都不可能否认或抵赖曾经完成的操作和承诺；可控性体现为数据储存、传输和软硬件的运行状况都时刻在系统的监测和控制当中。从过程上看，网络地理信息安全体现为网络地理信息的存储安全、传输安全、出版安全、处理安全和使用安全等。从结构层次上，网络地理信息安全体现为硬件方面的物理安全、软件方面的运行安全、数据内容本身的安全（即是否涉密）和地理信息生成、处理、传输、存储过程中的数据安全等。安全可能涉及一个方面，也可能涉及多个方面。只要一个方面的安全出了问题，都将可能影响整体的网络地理信息安全。因此，网络地理信息安全监管政策的使命在于采用各种策略和措施堵住各种可能的安全漏洞，时刻保持网络地理信息及其系统的可靠性、机密性、完整性、不可抵赖性、可控性。

再次，网络地理信息安全政策的特性在于网络性与地理性。网络性是网络地理信息安全政策与一般网络安全政策的共同特性，这就意味着必须从保障网络安全的视角来设计网络地理信息安全政策。网络系统安全关涉硬件安全、软件安全和数据储存、传输和使用安全，这就需要通过对网络地理信息系统安全运行的全程监控，有效管控网络地理信息系统风险发生。为保障网络的安全性，网络地理信息安全政策的设计要把握分权制衡与最小化原则，即，为了防止管理权限过大而危及网络地理信息安全，可以设立管理用户之间相互制约和相互监督的机制。具体言之，对安全审计员、安全保密管理员、系统管理员三者之间的管理权限进行适当划分，实现管理权限交叉，使每个授权主体只能拥有其中一部分权限，如，尽可能地把一项特权细分为多个决定因素，仅当所有决定因素均具备时，才能行使该项特权。正如一个保险箱设有两把钥匙，由两个人掌管，仅当两个人同时掌管钥匙时才能打开保险箱。针对非管理用户，须遵循权限最小原则，绝对不能允许进行非授权以外的操作。最小化原则体现为：一是最小特权原则，即分配给系统中的每个程序和每个用户的特权应该是其完成工作所必需享有的特权最小集合；二是最少公共机制原则，即把两个用户共用和被所有用户依赖的机制数量减到最少，避免共享机制无意中破坏系统的安全性。

地理性是网络地理信息安全政策与一般网络安全政策最本质的区别，这就意味着必须从保障地理信息安全的视角来制定网络地理信息安全政策，即以政策保障网络上显示、记录、存储、标注的空间坐标、高程、地物属性信息数据的安全性。为保障地理信息的安全，网络地理信息安全政策的设计要把握两个原则。一是维护国家主权和政治安全原则。地理信息产业涉及一个国家的政治、国防、科技等国计民生的相关领域，是关涉国家安全比较敏感的领域。因此，必须将维护国家主权作为地理信息产业开放的首要原则。因此，国家应建立敏感的地理信息领域的准入制度，维护国家主权，二是保密与共享平衡原则。地理信息产品与服务具有很强的应用性，因此，政策设计须考虑有效促进地理信息的共享；然而，很多地理信息产品和服务又涉及国家安全，因此，政策设计又须以保障地理信息安全为前提。是故，建立网络地理信息安全政策体系必须坚持保密与共享有效平衡原则。

又次，网络地理信息安全政策的内容指向安全监管体系。从内容上说，网络地理信息安全政策应界定三个方面的内容：一是谁来监管？即网络地理信息安全监管主体是谁？网络地理信息安全监管涉及的部门有很多，其中，国家测绘地理信息行政主管部门是行业主管部门，国家安全、工商部门、保密部门、信息化部门等是协管部门，网络地理信息安全政策应科学界定它们之间的权责关系和职责边界，设计网络地理信息安全的领导体制、执法体制和问责体制，保障网络地理信息安全监管的高效性；二是监管什么？即网络地理信息安全监管的客体或对象。网络地理信息安全监管的对象就是那些可能将给网络地理信息安全带来挑战各种风险。主要有：（1）网络系统的风险，如网络病毒、系统漏洞等；（2）数据运行与使用的风险，如违规接入、非法外联、非法传输、恶意篡改、涉密载体交叉混用等；(3) 非法从业的风险，即让那些没有资质或没有获得从业资质的单位和个人进入网络地理信息的服务领域，给网络地理信息安全带来可能的风险；(4) 非法出版、销售、传播、登载和展示的风险，即网络地理信息在缺乏审批或非法审批的情况下出版、传播、登载和使用，可能威胁地理信息安全。网络地理信息安全监管就是要采取各种有效措施，防范各种风险的发生或将各种风险带来的可能危害降到最低。三是怎样监管？即采取什么思路与方法进行监管？网络地理信息安全具有本身的特殊性，即它是地理信息安全与网络系统安全的结合。地理信息安全涉及国家安全，应由国家监管，通过把控网络地理信息生产环节的准入、公开、使用环节的审批和应用环节的监控，来保障地理信息的保密性、完整性和可靠性。

从结构上说，基于网络地理信息安全的特殊性，网络地理信息安全涉及地理信息安全、技术安全和网络安全等方面，因此，网络地理信息安全政策体系应主要包含：一是网络地理信息标准化政策，主要包括规定地理国情监测、卫星导航定位基准站、地下空间测绘、多规合一、不动产测绘、海洋测绘、时空政务地理信息等术语标准、基础时空基准标准、系列地理信息产品和成果的图示符号标准、地理实体、地名地址及其编码标准、网络地理信息安全分级保护标准以及地理国情要素、空间规划地理要素、不动产地理要素、地下空间信息要素等分类代码标准等；二是网络地理信息技术管理政策，即在现有的产品标准、基础标准、应用标准的基础上，设计现代地理信息安全技术的应用标准和应用程序，形成标准化的地理信息采集、处理、评估、应用等技术管理政策，通过技术的标准化来促进地理信息的运行安全；三是网络地理信息安全风险控制政策，即结合网络地理信息安全技术管理政策，以“技术—评估—控制”为线索来建构网络地理信息安全的风险控制政策。基于地理信息安全中的密码技术、水印技术等，制定地理信息密钥、公钥等信息安全防护、地理信息的密码管理、版权保护、信息产品的测评与认证、网络地理信息安全预警与应急、关键基础设施保护、网络访问控制、库房管理等政策，实现网络地理信息安全的有效管控。

从过程上说，网络地理信息安全政策体系应包含：一是事前预防政策，主要包括网络地理信息市场准入制度的建立与网络地理信息危机应急政策等；二是事中执行政策，包括网络地理信息基础设施建设与维护政策和市场监督管理政策，同时也包括相关从业单位和人员的管理政策；三是事后梳堵政策，包括事后救济政策、业务追踪政策、行政问责政策、补偿政策等。

最后，网络地理信息安全政策的形式是各种法令、规则、策略、措施等。理解政策的具体表现形式之前，我们首先要理清政策与法律的关系。在本书中，我们是从广义上来理解政策的，即政策是一种广泛的政治社会现象，法律是公共政策的重要组成部分，“如果说公共政策形成汪洋一片，那么法律不过是汪洋大海中的陆地和岛屿”①。当然，政策与法律又有各自的独立空间，在表现形态、运作方式和效力表现有所不同，“从某种意义上讲，政策与法律只有一步之遥：一方面，成熟的政策可能经由立法转化为法律；另一方面，一些政策集合，比如规划、不是传统型的法律，但却具有了一定的法律特征”②。在现代社会生活中，公共政策呈现出更加多样性形态，在公共政策领域，既有执政党的政策，也有国家政策、政府政策、司法政策；既有中央政策、区域政策，也有地方政策。就网络地理信息安全政策而言，从纵向划分，其包括中央政策(包括全国人大、国务院、最高法院和最高检察院以及国务院各监管部门制定的涉及网络地理信息安全的各种法令、规则、策略、措施)、地方政策（包括省、市、县各级人大、各级政府及其职能部门制定的各种法规、规章、策略、措施)。从横向划分，网络地理信息安全政策包括立法政策、行政政策和司法政策。立法政策主要包括宪法、刑法、保密法、网络安全法、测绘法及各级人大决

① 肖金明：《为全面法治重构政策与法律关系》，《中国行政管理》，2013 年第 5 期，第 36—40 页。

② 肖金明：《为全面法治重构政策与法律关系》，《中国行政管理》，2013 年第 5 期，第 39 页。

定中涉及的保障网络地理信息安全的各种规定和措施。行政政策主要包括国务院制定的涉及网络地理信息安全的行政法规、国务院各职能部门和各级地方政府及其职能部门制定的涉及网络地理信息安全的行政规章和行政措施。司法政策主要指最高法院和最高检察院对涉及网络地理信息安全方面所作的司法解释。

第二章

网络地理信息安全监管的理论模型与政策框架

在网络背景下，地理信息的传输、储存、公开与使用都常常在网络空间中完成，此时，地理信息安全将面临比传统时代更为严峻的挑战。因此，需要根据网络系统的特点和地理信息安全监管的固有特质，设计网路地理信息安全监管的理论模型，探索网络地理信息安全监管的基本规律与路径。本章拟运用风险管理、利益平衡、分级保护、木桶原理等理论的基础上建构网络地理信息安全的理论模型和运行程序，为制定网络地理信息安全监管政策体系提供理论支撑和实践框架。

一、网络地理信息安全监管的理论基础

（一）风险管理理论

最早提出风险管理这一名词的是美国宾夕法尼亚大学的所罗门·许布纳博士，但现代意义上的风险管理思想可追溯到20世纪初期，如马歇尔的“风险分担管理”观点、法约尔的安全生产思想等；直到1950年，风险管理的概念才被真正提出（[美] 加拉格尔：《风险管理：成本控制的新阶段》）。风险管理作为一个理论学科出现，应以《企业风险管理》（Mehr 和 Hedges，1963）和《风险管理与保险》（C.A.Williams 和 Richard M.

Heins，1964）两书的出版为标志。在风险管理理论家看来，风险管理就是通过风险的识别、评估和控制等手段把风险可能造成的不良影响减至最低的管理方法。自20世纪50年代开始，风险管理理论在保险市场、企业管理、资本市场、金融、信息管理等领域得到广泛的应用。在企业风险管理理论应用中，内部环境、风险识别、风险评估、风险预警、控制策略等五要素被认为是风险管理的基本要求。在信息管理领域，使命、资产、威胁、脆弱性、事件、安全需求、风险测评、风险预警、安全措施等被认为是风险管理的基本要素。这些基本要素存在如下关系：使命依赖于资产去完成；资产的价值越大则风险越大；风险是由威胁发起，并可能演变成事件；脆弱性使资产暴露，如没有得到有效控制则产生威胁进而危害资产，生成风险预警；资产的重要性和对风险的意识会引发安全需求，而安全措施有助于满足安全需求，弥补脆弱性，从而最终达到降低风险的目的。风险管理理论对于构建网络地理信息安全监管模型具有重要的启发意义：一是网络地理信息安全监管不仅要关注网络安全，也要关注系统安全，即硬件和软件安全；二是网络风险评估是网络地理信息安全监管的风险监视器，要把风险评估贯穿网络地理信息安全监管的全过程；三是风险识别、安全评估、风险处理应构成网络地理信息安全监管体系的核心内容，三者缺一不可。

（二）利益平衡理论

利益平衡思想主要来源于法学研究和司法实践领域。美国著名社会法学家庞德认为，法学家应尽可能保护并维持所有社会利益之间的某种平衡或协调。[①] 另一美国学者弗朗索瓦 · 惹尼认为，法官应“评价所涉及的利益各自的分量，在正义的天秤上对它们进行衡量，最终达到最为可欲的平

① 转引自［美］E. 博登海默：《法理学——法律哲学与法律方法》，邓正来译，中国政法大学出版社2004年版，第148页。

衡”[1]。可见，利益平衡并不等同于利益保护，而是在最大程度上保护和维持既有利益的平衡。利益平衡的本质在于通过不同利益间的妥协和让步，实现整体利益的最大化。网络地理信息安全领域具有很强的利益冲突特性：一方面，互联网上地理信息运行具有开放性，用户能够自由进入；而另一方面，网络地理信息安全风险的客观来源是网络空间的开放性，因为开放空间的存在可能对安全构成挑战。这种利益冲突给网络地理信息安全政策的设计带来了难题：政策过松，危害网络地理信息安全；政策过紧，阻碍网络地理信息共享和应用。利益平衡理论为这一冲突的消解带来了有益的思路：建立平衡与协调的网络地理信息安全政策体系，促进中央与地方、行政与军事、政府与民间等各方面网络地理信息资源的共享与安全保障。具体言之，对于涉密网络地理信息系统，应设置严格的访问和使用权限，有效避免涉密地理信息数据被非法访问、非法传播问题；对于非涉密网络地理信息系统，则应最大程度地向公众开放，促进地理信息的有效公开，最大限度地保障地理信息的安全与通畅共享。这一思路也应成为网络地理信息安全监管模型的建构原则。

（三）分级保护理论

分级保护思想来源于政府的管理实践。《计算机信息系统安全保护等级划分准则》将信息系统安全保护的监管级别划分为用户自主保护级、系统审计保护级、安全标记保护级、结构化保护级、访问验证保护级等五个级别。依据《中华人民共和国计算机信息系统安全保护条例》等法律法规，2007 年公安部等四部委下发了《信息安全等级保护管理办法》，进一步明确了信息安全等级保护的基本思想。等级保护思想主要体现为：一是不同信息系统具有不同的社会和经济价值，信息系统运营、使用单位依据要相关技术标准对信息系统进行分级保护；二是级别的划分依据信息资源

① 转引自［美］E. 博登海默：《法理学——法律哲学与法律方法》，邓正来译，中国政法大学出版社 2004 年版，第 145 页。

的价值大小、涉密的程度、用户访问权限的大小、子系统在大系统中的重要程度等因素而定；三是针对不同级别的安全要求提供不同的安全管理机制。分级保护思想对构建网络地理信息安全监管模型具有深刻的启示：一方面，要实行科学分级。结合地理信息安全分类，将敏感信息分为高度敏感、中度敏感、轻度敏感、不敏感，根据敏感指数，将网络地理信息数据及其产品对应的保密等级分别为绝密、机密、秘密、公开。[①] 另一方面，要实施强度不同的防护手段。对于非涉密网络地理信息，无须采取保密技术处理，而对于涉密网络地理信息，则要根据绝密、机密、秘密三个等级，设置不同的保密要求，采取不同的保密和措施。如，对绝密级网络的安防要比机密和秘密级的严格得多；同时，特定密级的用户不能访问高于本身密级的信息，从而降低高密低传的可能性，通过分级保护机制消除泄密的风险。

（四）木桶原理

木桶原理认为，“木桶的最大容积由最短的一块木板所决定”。网络地理信息安全符合木桶原理，即系统中最薄弱的环节决定了整个系统的安全性，体现弱优先规律，因为网络系统是一个相互连接的复杂系统，其中任何一个子系统或任何一个环节出现漏洞，都必将危及整个系统的安全。网络地理信息安全涉及系统与技术的不同层次，而这种不同层面的安全因素决定了网络地理信息系统的安全监管必须是同步跟整体的。从过程上看，网络地理信息安全涉及地理信息数据的、生产、采集、储存、公开、使用等全过程的安全，不管哪个环节的安全出了问题都可能导致地理信息泄密，导致其他方面的努力付诸东流，危害国家安全，因此，在网络地理信息安全监管过程中，需要注重其薄弱环节，为了不至于因某个局部的薄弱环节而影响到整个系统的安全能力，须形成一个整

① 朱长青、周卫、吴卫东、赵晖、刘旺洪：《中国地理信息安全的政策和法律研究》，科学出版社 2015 年版，第 58 页。

体的网络地理信息安全保障体系。木桶原理对于建构网络地理信息安全监管模型具有很强的指导意义，即监管模型建构要坚持全局治理原则，既要关注地理信息的生产、加工、获取、传输、储存、使用中“信息的安全”，又要监控“网络系统”的安全问题，不能忽视任何一个环节或方面，实现监管无死角。

二、网络地理信息安全监管的理论模型

依据网络地理信息安全监管所要遵循的基本理论，网络地理信息安全监管既要考虑保密问题，又要关注共享问题；既要关注网络之内的网络系统本身的风险监管问题，又要考虑网络之外的地理信息从业准入和服务许可问题。具体言之，实现网络地理信息安全的有效监管，应致力于建构一个多层立体的网络信息安全监管的理论模型，即依据网络地理信息安全监管相关理论，以准入、审批、风险管控为框架，建立复合型的网络地理信息系统风险防控机制，通过网络地理信息准入系统、审批系统、风险管控系统、外部保障系统的协调与配合，实现网络地理信息的机密性、完整性、可用性、真实性、可控性。准入系统通过设置网络地理信息服务的准入门槛，将不符合网络地理信息安全要求的从业主体挡在网络地理信息服务领域之外，构成保障网络地理信息安全的第一道防线；审批系统通过对从业主体获取、公开、使用网络地理信息行为的审查和核准，最大程度上保障网络地理信息出版、传播、登载和展示的安全性，构成保障网络地理信息安全的第二道防线；风险管控系统通过对网络地理信息数据储存、传输和使用等网络运行全过程的风险评估、监督控制以保障网络地理信息系统的数据安全和运行安全，构成保障网络地理信息安全的第三道防线；外部保障系统为准入系统、审批系统和风险管控系统的有效运行提供坚实的管理、技术和资源支撑；四大系统共同致力于实现网络地理信息安全之目标。

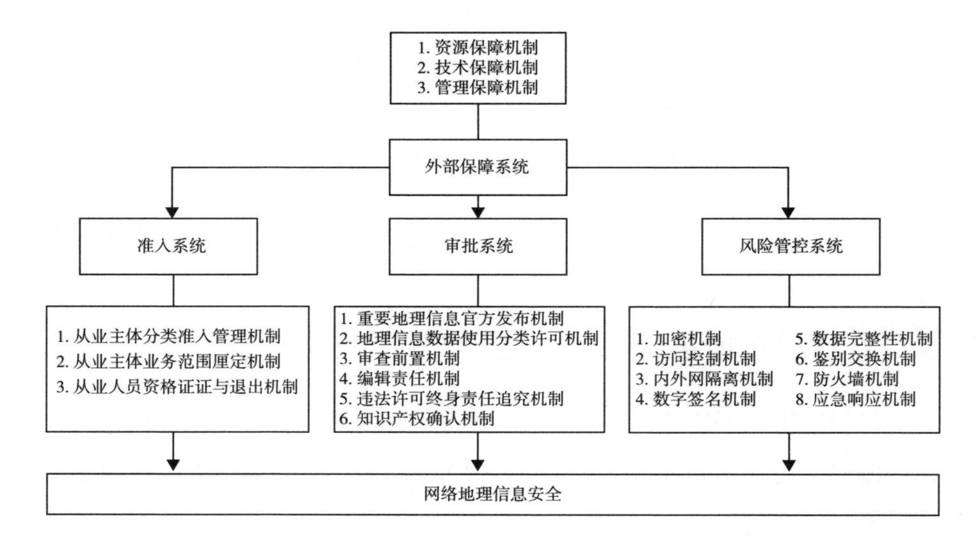

图 2—1　网络地理信息安全监管理论模型

（一）准入系统

网络地理信息从业主体市场准入是指一定的从业主体要进入网络地理信息领域首先必须取得网络地理信息服务的资质，才能从事网络地理信息服务活动，未经有权机关核准资质，不得在一国内从事网络地理信息服务活动，这是保障网络地理信息安全的第一道防线。从业主体的市场准入就是把网络地理信息安全监管“关口”前置，实现地理信息安全监管工作从事后风险整治向全程监管转变。网络地理信息从业主体的市场准入可以概括为三个方面，即主体准入、业务准入、人员准入。主体准入，就是根据地理信息法律法规设定的标准，批准设立从事网络地理信息服务的机构或者是其下属机构；业务准入，就是遵循安全第一的根本原则，批准网络地理信息服务机构的正常经营范围；人员准入，就是对从事网络地理信息服务的从业人员能否取得业务资格的审查和核准。我们可构建如下机制来把控网络地理信息从业主体市场准入关。

1.从业主体分类准入机制

等级标准和准入条件是涉密网络地理信息从业单位资质认证的核心内容。除了注册资本等工商许可之外，网络地理信息从业单位必须获得相应等级资质和接受分类管理，要通过制定《网络地理信息服务专业标准》，明确界定从事网络地理信息生产、获取、下载、复制、传播等行为从业主体的准入条件。

对网络地理信息生产服务主体进行分类，对不涉密的网络地理信息生产服务主体，按照发展地理信息产业的要求，放宽准入条件，给予其相对自由和宽松的创业创新环境；对可能涉密的网络地理信息生产服务主体，按照涉密程度，对其从业人员、仪器准备和作业场所提出有差别的准入条件。地理信息市场从业主体准入的条件，主要应考虑安全保密、质量技术标准。针对不涉密的网络地理信息开展生产服务，应该获得一般性网络地理信息服务的从业单位资质，准入条件可设定为：(1）具有企事业单位法人资格；(2）具有与申请从事网络地理信息服务相匹配的业绩和能力，并依法取得《网络出版服务许可证》；(3）具有合格的专业技术人员和符合要求的设备与场所；(4）具有完善的保密管理条件、制度和健全的技术质量保证体系。从事涉密的网络地理信息生产服务主体应获得涉密网络地理信息服务从业单位资质，其基本准入条件可为：(1）法人资格成立三年以上，无违法犯罪情况；(2）保密防护措施安全可靠；(3）保密管理制度符合国家要求；(4）配备专门的工作机构及工作人员负责保密管理，核心涉密人员应持有国家认可的涉密人员岗位培训证书；(5）具有与申请从事网络地理信息服务相匹配的业绩和能力，并依法取得《网络出版服务许可证》。为保障地理信息安全与共享的平衡，要为不同资质设立不同的准入条件和管理规则，使保密管理符合不同涉密级别的网络地理信息安全要求。一级保密资质是指可以承担所有密级网络地理信息生产服务的资格；二级保密资质是指可以承担机密级以下网络地理信息生产服务的资格；三级保密资质是指可以承担秘密级以下网络地理信息生产服务的资格。同时，为保障国家安全，涉密网络地理信息服务资质申请不向外国的组织和个人开放。

2. 从业主体业务范围厘定机制

网络地理信息服务主体的业务准入，是指已获得网络地理信息服务资质的主体取得具体地理信息业务经营许可的准入问题。按照业务范围与安全保障能力相适应原则，从业主体的业务准入通过明确从业主体从事网络地理信息服务的业务种类和业务范围，使从业主体只从事其能够保障安全的领域，而限制其从事与其安全保障能力不相适应的业务，从而达到保障网络地理信息安全的目的。地理信息主管部门应会同保密部门，按照保密法的规定，将网络地理信息服务种类和范围划分为非涉密和涉密两大类，涉密类又可分为秘密、机密、绝密三类。从业主体只能从事与其资质相适应的网络地理信息服务：获得一般性网络地理信息服务从业单位资质的从业主体可从事不涉密的网络地理信息生产服务，一级保密资质可从事所有密级的网络地理信息生产服务，二级保密资质可从事机密级及以下秘密等级的网络地理信息生产服务，三级保密资质只可从事秘密级及以下秘密等级的网络地理信息生产服务。在未经批准的情况下，从事涉密网络地理信息服务的从业主体不得对外提供涉密网络地理信息数据。

3. 从业人员资格认证与退出机制

网络地理信息服务从业人员的资格认证是准入模块的重要一环，要建立网络地理信息服务注册资格制度，通过人员准入门槛来保障网络地理信息服务的质量和安全。获得网络地理信息服务注册资格的条件可设定为以下内容：一是通过专业考试，申请注册的从业人员一律须通过职业道德、专业知识、安全技术、服务规程、有关地理信息与网络法律法规等内容的资格考试，并与涉密网络地理信息生产单位保密资格相对应，按照一级保密资格、二级保密资格、三级保密资格对于网络地理信息服务的不同要求设定不同难度的考试内容，通过考试的人员获得不同级别(如初级、中级、高级）的从业资格证书，并按照核心涉密人员、重要涉密人员和一般涉密人员对保密的不同要求实行分类管理；二是在地理信息服务行业经过了一定时期（如一年）的实习；三是接受了国家地理信息主管部门认可的培训。同时，通过年审机制使从业人员的工作业绩与安全信用挂钩，设立退出机制把那些在道德上或专业知识或技术水平上不符合从事网络地理信息服务的基本要求、不适合继续从事该行业的从业人员及时退出，最大程度地保障现实中从事网络地理信息服务的从业人员在业务上、道德上是安全可靠的。

（二）审批系统

如果说网络地理信息从业主体准入是网络地理信息安全的第一道防线，那么，网络地理信息出版、传播、登载、使用的审批就是保障网络地理信息安全的第二道防线。通过对消费者（包括从业主体）的网络地理信息公开、传播、使用行为的审查核准，从而达到防范一些不宜公开的网络地理信息被泄露的风险。审批系统主要由如下几个机制构成。

1. 地理信息数据使用分类许可机制

一方面，任何单位和个人在互联网上发布、编辑、登载、传播、使用敏感或涉密地理信息，必须经过主管部门批准和安全技术处理。即，任何单位和个人未经省级以上测绘地理信息行政主管部门的批准，不得加工、处理、提供、传播、使用涉及国家安全和利益的坐标和属性信息。这些坐标和属性信息主要有：(1）危害国家统一、主权和领土完整的地理信息；(2）重要国家机构和国计民生的重大设施；(3）国家重大科学技术研究的场域；(4）涉及军事设施、国防建设设施的地理信息；(5）影响民族团结的信息；(6）法律法规规定不得公开登载、传播的其他地理信息。凡是涉及使用涉密测绘成果，用以网络地理信息服务，必须通过省级以上测绘地理信息主管部门的保密技术处理。另一方面，公民、法人或其他组织登载、传播、使用敏感或涉密地理信息，必须与所有权人签订使用许可协议，确定权利和义务。此外，使用部门、单位和个人所获得的基础地理信息数据，未经许可，不能向第三方提供或转让。

2. 审查前置机制

除景区图、街区图等简单地图以外，传输、公开与使用网络地理信息之前，必须实行严格的审查程序，真正做到"上网信息不涉密，涉密信息不上网"。审查前置主要关注两个方面。第一，资格审查，即要对从业主体是否获得网络地理信息服务的资质和是否获得《网络出版服务许可证》两个方面进行审查。第二，保密审查，保密审查应主要关涉几个问题：(1) 从业资格审查，即在储存、加工、传输涉密地理信息过程中，应审查从业主体是否具备与其业务密级相对应的资质，是否具备相应的保密能力；(2) 内容审查，即拟在互联网上公布或使用的地理信息内容是否涉密，是否是敏感信息，是否有违反我国民族政策及政治主张的内容；(3) 保密人员的资格审查，即行政机关或者保密法授权组织依法对保密人员的安全背景进行甄别以及是否符合从事涉密网络地理信息的基本条件进行审查；(4) 使用者审查，即对需要应用涉密地理信息的主体进行严格保密资格和保密能力的审查，并要求申请者详细说明使用涉密地理信息的种类、用途、回收销毁等方式；(5) 技术安全审查，主要对地理信息服务网络技术的安全性和保密技术的可控性进行审查，例如，敏感信息有没有采取科学的信息隐藏或信息伪装技术，通过技术审查来防止网络技术和保密技术的漏洞而导致网络地理信息出现安全隐患甚至发生泄密后果。

3. 编辑责任机制

内容审查是保障网络地理信息审批安全的关键环节，应强化编辑在网络地理信息审查中的作用与责任。编辑责任机制由地理信息数据内容审核责任、责任编辑、责任校对和内容备案等管理机制组成。内容审核责任是指编辑对于拟公布、使用的网络地理信息是否涉密或是否是敏感信息进行严格审核，并承担首核责任。如由于审核不严而导致地理信息发生泄密的，应依法给予首核编辑相应的行政处罚或者行政处分，情节严重的依法给予刑事处罚，对负有直接责任的主管人员也应依法给予行政处分。责任编辑是指编辑有权对地理信息实行编辑、加工，但是必须符合《中华人民共和国保密法》等相关法律法规要求的保密技术处理要求。责任校对是指按照国家保密法和地理信息安全的法律法规规定，进一步对已核网络地理信息内容进行保密审查，进一步查找内容安全漏洞并纠错。内容备案是指对于出版、公布涉及重大公共利益或国家安全方面的地理信息内容，应当到新闻主管部门和国家测绘地理信息行政主管部门办理备案手续，未经备案的重大选题内容不得出版。

4. 违法许可终身责任追究机制

即，谁审批的地理信息公开、传播、使用等行为出了安全问题，则可终身追究其行政责任和政治责任，增强终身追责的威慑力，倒逼审批主体及其工作人员慎用审批权力，促使其以最严格的态度和作风对待保密审查，从审批许可环节上最大程度地保障网络地理信息的安全。

5. 知识产权保护机制

网络地理信息的知识产权保护，就是要禁止非授权人非法获取独创性地理信息知识，起到保护地理信息安全的作用。在网络环境下，需要我们创新更有效的技术手段和政策机制，防范一些不法分子利用网络地理信息产品的无限可复制性特征随意复制、篡改、传播数字地图数据，进而实现有效地保护地理信息知识产权。网络地理信息知识产权保护的主要机制有两个：一是通过产权确定来排斥非授权使用，即可以由测绘地理信息部门、保密部门、出版管理部门等成员组成的网络地理信息产权保护部门负责网络地理信息产权的审核、确认等工作，从而达到排斥他人非法占有与使用的目的；二是通过对产权侵权行为的惩处来排斥非授权使用，即通过网络地理信息产权保护部门或司法部门对网络地理信息知识产权侵权行为的行政、民事或刑事处罚，让侵权行为者付出代价，从而起到保护网络地理信息产权的作用。

（三）风险管控系统

网络地理信息的采集、储存、传播、登载和展示都以网络为载体，因此，网络地理信息安全一方面要关注地理信息的采集、储存、传播、登载和展示中信息的安全，另一方面，则要注意网络系统的安全。在互联网上，地理信息安全涉及数据安全和网络系统的硬件、软件安全。因此，网路地理信息安全的关键在于通过网络安全风险管控机制来确保网络地理信息系统本身的软硬件安全及其运行安全和地理信息数据的安全。网络地理信息安全的风险管控则是从网络地理信息安全可能的风险点出发，设计各种风险管控机制，实现信息主体及其服务的真实性、完整性和可控制性等的风险识别、控制和应对，保障系统安全和数据安全。以国际计算机信息系统开放互联（OSI）参考模型的安全体系结构作为参考，网络地理信息安全风险管控的体系结构包括两个部分：安全机制和安全服务。

网络地理信息系统的安全首先要通过安全服务来实现。安全服务是指参与通讯的开放系统的某一层提供的服务，它保证该系统或数据传输有较高的安全性。这些安全服务主要包括认证、数据保密性、数据完整性、访问控制和抗抵赖性。[①]（1）认证服务。这个安全服务主要通过认证程序来保证某个实体身份的可靠性。主要有数据源认证和对等实体认证

① 梅挺：《网络信息安全原理》，科学出版社 2009 年版，第 5—6 页。

两种类型。对等实体认证是指当某种安全服务在由（N）层提供时，它需要的（N+1）层对等实体可由（N+1）层来确定。数据源认证是指通过认证环节，可以充分确认A数据是发送者（B）发送的。（2）数据保密性服务。这种安全服务旨在保障地理信息不经授权而不被暴露、使用，主要有无连接保密性、连接保密性、选择字段保密性、业务流保密性等四种形式。（3）数据完整性服务。这种安全服务旨在通过选择字段连接完整性、带恢复的连接完整性等手段保护地理信息数据储存和传输的完整性。（4）访问控制服务。访问控制是指通过设置对某一些确知身份对某些资源的访问限制，达到地理信息的安全保护。（5）抗抵赖服务。抗抵赖的涵义为通过安全设置，使得参与某次通讯交换的一方，不能事后否认本次交换已经发生过。

安全服务体现于安全体系结构配置层（物理层、网络层、传输层、应用层）上的协议中或嵌入协议中，但协议中的安全服务仅是安全服务输入、输出参数，所有处理须由安全机制完成，独立于协议的安全机制完成安全服务的实现和处理，是安全服务的基础。安全服务通过安全机制提供：安全服务可以通过某种安全机制单独提供或多种安全机制联合提供。风险管控系统主要由如下机制构成。

1. 加密机制

加密就是可懂的明文信息通过加密算法的变换变成不可懂的密文的过程。根据特定的法则，加密，即从明文转换成密文的过程；解密，即由密文转变成原明文的过程。加密意味着在指定的网络环境下，要解除密码必须通过密钥才能获得原来的数据。由于窃密者不知道密钥，因而不能轻易地破解密文，以致不能在数据存储或传输过程中对数据进行篡改、删除等，从而实现信息的保密性、完整性和可认证性。加密系统由明文、密文、密钥和加密/解密算法组成，其完整模型如图2—2所示。

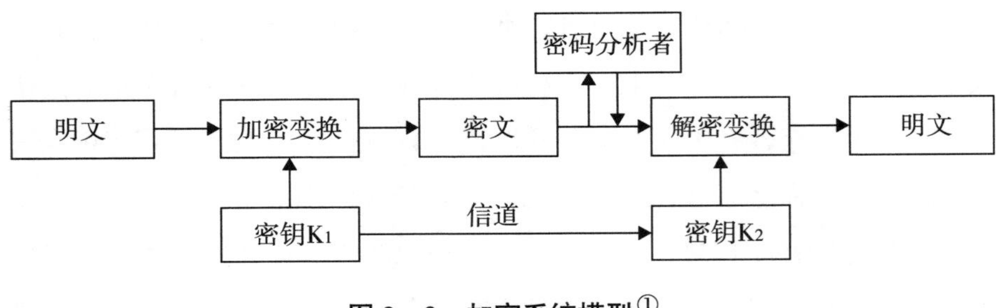

图 2—2 加密系统模型①

2. 访问控制机制

访问控制机制是指针对需要访问系统及数据的用户进行识别和检验，并采取有效的安全政策对此类用户的访问行为进行限制，防止资源不合法使用或资源的未授权使用，保证系统免受偶然、蓄意的侵犯。访问控制模型一般包括主体、客体和控制策略三大要素：(1) 主体：即提出访问请求的实体；(2) 客体：即接受主体访问的对象；(3) 控制策略：即客体对访问主体的约束条件集。

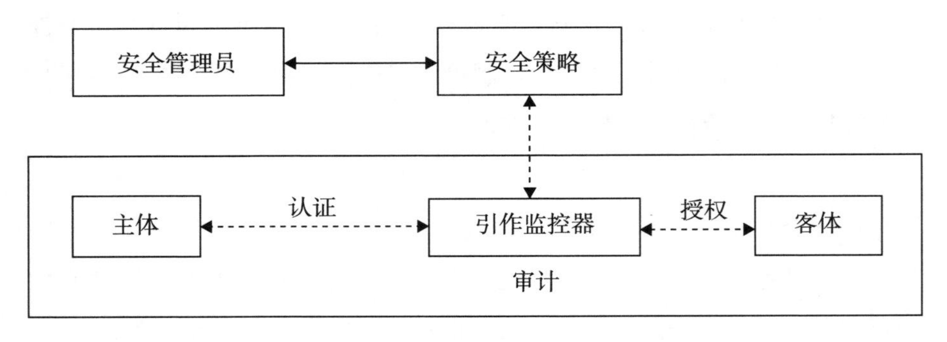

图 2—3 安全机制②

在访问控制机制中，好的访问控制策略或规则应考虑以下几个要素：③

---

① 朱长青、周卫、吴卫东、赵晖、刘旺洪：《中国地理信息安全的政策和法律研究》，科学出版社 2015 年版，第 347 页。

② 王凤英：《访问控制原理与实践》，北京邮电大学出版社 2010 年版，第 4 页。

③ 梅挺：《网络信息安全原理》，科学出版社 2009 年版，第 7 页。

（1）访问控制信息库：关于对等实体资源访问权限的具体信息库；（2）鉴别信息：正在访问实体已被授权的身份证明信息；（3）权力：决定谁能够访问的实体和资源；（4）安全标记：根据安全策略确定的用于同意或拒绝访问的安全设置；（5）访问时间设置：控制试图访问的时间规则；（6）访问路由设置：控制试图访问的路由规则；（7）访问持续期：规定某次访问持续时间的限度。

访问控制主要有四种类型：（1）自主访问控制，即客体的拥有者许可或拒绝其他主体对客体的访问通过自主设置访问控制属性来实现；（2）强制访问控制，即客体的拥有者许可或拒绝其他主体对客体的访问通过一个预设的特殊安全属性审查来实现；（3）基于角色的访问控制，它是指用户访问系统资源主要基于被赋予的角色，按照角色通道进行访问操作；（4）基于任务的访问控制，即当任务处于活动状态时主体拥有访问权限，当任务结束后主体拥有的权限即被撤销。

3. 内外网隔离机制

为解决内部网络的安全问题，一般采用的方法是内网与外网之间采用防火墙的防护手段，但是即使是最先进的防火墙技术都不能完全的保证内部网络的安全。为保障内网中的涉密地理信息不会被泄露，应建立内网和外网永不连接的物理隔离机制。所谓物理隔离，是指内外部网络系统在物理上完全独立，两者之间切断了相互连接的通道。实现外部网络与内部网络物理隔离须做到以下几点：（1）在物理传导上使内外网络隔离，实现外部网络与内部网络相互独立运行，两者之间的网络连接中断；（2）在物理辐射上实现内网与外网的隔断，确保内网信息不能通过电磁辐射方式泄露到外网；（3）实行内网与外网信息的分开存储，在物理存储上实现内网与外网的隔断。

4. 数字签名机制

数字签名就是在数据单位上的附加一个数据，它使数据单元的接收者能够利用公开的验证方法证实数据单元的真实性及完整性。数字签名具有以下特性：(1) 签名是可信的：签名的有效性能够方便地得到检验；(2) 签名是不可伪造的：任何伪造签名都将不可行；(3) 签名是不可复制的：任何复制的签名都将容易被鉴别并被拒绝接受；(4) 签名是不可改变的：被篡改的签名可被任何人发现；(5) 签名是不可抵赖的：签名者不能抵赖自己的签名。

数字签名通常包括系统初始化、签名产生和签名验证等程序。系统的初始化产生数字签名方案所需的一切参数；在签名产生过程中，用户的签名通过给定的算法来完成；在签名验证过程中，能否通过验证者对给定签名信息的验证决定签名是否有效。①

5. 数据完整性机制②

数据完整性是指数据没有被以未授权的方式进行篡改或未经授权的使用。数据完整性机制的内容包括：(1) 基本原理：发送实体给数据单元附加一个由数据自己决定的量，这个量可以是被加密的分组校验码或密码校验值之类的补充信息，接收实体则产生一个相当的量，并把它与收到的量进行比较，以确定该数据在传输中是否被篡改；(2) 保护形式：对于连接的数据传输，通过设置特定保护形式防止数据被丢失、插入或篡改；对于无连接的数据传输，时标可设置一种有限的保护形式，以防止某个数据单元的重放。③

6. 鉴别交换机制④

鉴别交换是指通过交换信息的方式来确定实体身份，以防止某一实

① 朱长青、周卫、吴卫东、赵晖、刘旺洪：《中国地理信息安全的政策和法律研究》，科学出版社 2015 年版，第 371 页。

② 梅挺：《网络信息安全原理》，科学出版社 2009 年版，第 7 页。

③ 梅挺：《网络信息安全原理》，科学出版社 2009 年版，第 7 页。

④ 梅挺：《网络信息安全原理》，科学出版社 2009 年版，第 7—8 页。

体被假冒而盗取某一授权实体能获得的保密地理信息。鉴别交换机制的一般原理：(1）利用鉴别交换技术，如利用鉴别信息（如通讯字或一个秘密口令），它由发送实体提供，并由接收方进行验证；利用密码技术；利用实体的特征或占有物，如IC卡；(2）利用密码技术时，还可以同握手协议相结合，以防止重放；(3）选择鉴别交换技术主要有三种，即双向或三向握手，时标和同步时钟，通过数字签名实现的不可抵赖性服务。

鉴别机制主要有三种类型：(1）0类（无保护类），0类机制是一种对称鉴别，它是通过发送口令实现信息的有效验证；(2）1类（抗暴露保护类），这类鉴别机制通过可选域加密机制或单向函数机制，实现一方对一方鉴别和数据源点鉴别；(3）2类（抗重放和抗重放保护），这类机制通过数据源点鉴别和一方对一方鉴别来对抗重放和重放攻击。主要有以下几种形式：密码链机制，即在传送前经函数加密，在做出鉴别决定前解密，以有效对抗重放和重放攻击；唯一号码机制，即声称者鉴别信息和唯一号码与识别信息一起被转换和传播；口令机制，即通过发出鉴别要求、发布口令、发送响应的三项转换来鉴别。

7. 防火墙机制

防火墙是在内外网之间设置的一种边界，它是通过一组组件的集合来实现在网络之间实施网间访问控制的保密防护方式，它一般要满足以下条件：(1）所有内外网之间的网络数据流都必须经过防火墙；(2）防火墙系统能够抵御外来网路攻击；(3）符合安全政策的数据流才能通过防火墙。防火墙系统实际上是一种在可信网络和不可信网络之间设置的缓冲系统，

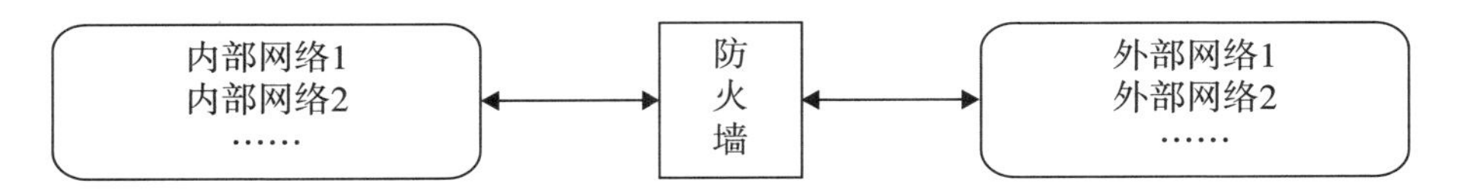

图2—4　防护墙示意图

它的一般组件为边界路由器、结合多种防火墙组件的防火墙、VPN 组件、入侵检测组件（如图 2—4 所示）。

从技术上说，防火墙可分为三大类：(1) 包过滤防火墙。包过滤防火墙是一种通过检查数据包中网络层和传输层协议信息来发现异常的安全防御系统。(2) 状态防火墙。状态防火墙是在包过滤防火墙的基础上建立的，它很好地解决了包过滤防火墙存在的一个问题。假设需要阻止互联网上的任意主机发往内部网络上主机 A 的数据包，就要建立过滤规则阻止所有互联网上的访问。但是这一规则也阻止了内部网络的主机对于互联网上主机的访问。状态防火墙很好地解决了这些问题，当主机 A 发送 SYN 消息给主机 B 时，防火墙将该连接的信息记录在一个连接状态表中，然后把数据包转发出去，当收到返回的连接包时，查看连接状态表符合要求后，允许数据包通过，从而完成通信连接。(3) 应用网关防火墙。由于包过滤防火墙和状态防火墙通常只检查网络层和传输层的信息，只能认证网络层地址，而网络层地址可能被伪造，所以存在安全隐患，应用网关防火墙增加了应用层的用户认证这一环节，极大提高了安全性。其基本原理是，外部用户要访问内网的电子邮件服务器时，首先发送个一个连接请求，防火墙截获以后，发送一个认证信息给外部用户，用户信息得到认证以后，获得了访问电子邮件服务器的权限，但是无法访问 Web 服务器，除非防火墙为外部用户配置多个授权规则，使用户一次认证，可以进行多种操作。

8. 应急响应机制

网络信息安全应急机制是应对网络地理信息系统面临紧急状态的重要举措。它是由事件预警、应急预案、预防控制、系统恢复等系统构成，它通过四大系统的连续响应来提高网络紧急事件处理效率，实现网络地理信息安全。

应急响应机制的内容包括：(1) 严格界定紧急状态的定义，并对紧急状态的启动进行分级管理。（2）规定应急管理的法定权威主体的权责及实施程序。主要包含：应急主管机关在紧急状态下的权责；启动、撤销行政紧急权的程序；平衡公民自由权与国家应急权的处理程序。（3）明确应急响应的基本流程、相关技术及应急效果的标准。

（四）外部保障系统

从整体上看，要实现准入、审批、风险管理模块的顺利运行，还需要依靠组织管理、技术应用及资源保障等外部体系的有力保障。

第一，管理保障机制。从网络系统本身来说，保障网络安全服务和机制的有效运行需要健全的管理体系：（1）系统安全管理，主要包含硬件、软件、库房、数据、技术等方面的管理；（2）安全服务管理，主要涉及数据保密、访问控制、安全认证、抗抵赖性等服务；（3）安全机制管理，主要包括密钥、物理隔离、防火墙、访问控制、数字签名、数字完整性、鉴别交换、公证等机制的运用与管理。

第二，技术保障机制。网络地理信息准入、审批，特别是风险管控，都需要由特定的网络地理信息技术措施来支撑。保障网络地理信息的保密性、完整性和可用性，特别是保障网络地理信息风险管控的有效性，需要配套相应的信息安全技术，例如信息伪装和信息隐藏技术、防火墙技术、安全审计跟踪评测技术、网络预警技术、应急响应技术等，为此，我们应开发和利用具有自主知识产权的网络信息安全技术体系。

第三，资源保障机制。准入模块、审批模块和风险管控模块的有效实施，最终都依赖于人力、财力、物力等资源。网络地理信息安全的核心是人，人是管理规则的制定者与执行者和防控技术的实施者；资金既是建设各种管理体系和技术体系的必要条件；基础设施为准入和审批系统提供平台，也为风险管控系统提供运行的载体。在资源体系中，公共资源是重要的组成部分，如网络信任体系、数据获取系统、基础资源库、安全事件处置系统等。

三、网络地理信息安全监管模型的运行程序

为实现网络地理信息安全之目标，网络地理信息安全监管应确立系统性思维，建立信息安全需求、安全保护措施、检测、补救等一整套程序来保障网络地理信息安全监管模型的有效运行。

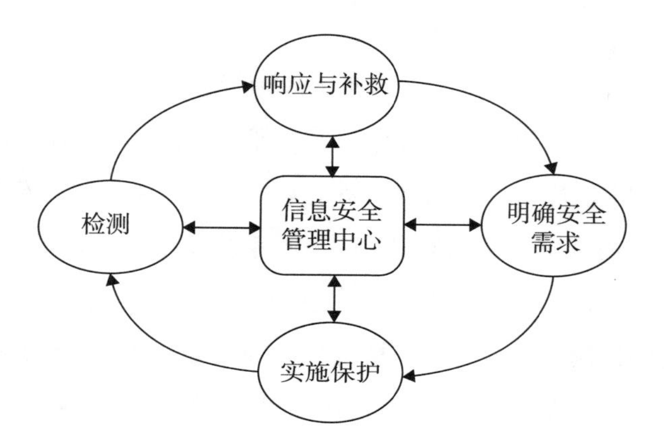

图 2—5　网络地理信息安全监管模型的运行流程

（一）明确安全需求

明确信息安全需求是实现网络地理信息安全管理的第一步。这一阶段主要任务是分析评估整体系统和系统局部的安全性，描述各安全域的安全需求并将其文档化。信息安全需求分析可分两步：第一步，对现有的网络地理信息系统的运行状况进行风险分析与评估；第二步，依据评估结果，总结目前网络地理信息安全存在的问题与挑战，在此基础上理出具体的地理信息安全需求。①

在进行风险分析与评估时，可从准入安全、审批安全、网络系统安全等三大安全域展开，每个环节又应围绕自己的安全层次展开，如准

① 李慧、刘东苏：《一个新的信息安全管理模型》，《情报理论与实践》，2005 年第 1 期，第 98—99 页。

入安全域应着重分析评估从业主体的合法性、从业范围的合法性及从业人员的合法性；审批安全域应着重分析评估审批主体的合法性、内容的保密性、技术的安全性、保密制度的健全性等方面；网络系统安全域应着重分析与评估环境安全、操作管理、访问控制、系统维护、安全策略等。

从内容上说，在网络地理信息安全分析和评估中，应重点考虑五大问题：一是网络层的安全性，即网络是否安全；二是系统的安全性，即分析网络的入侵和病毒对网络的威胁的风险系数；三是用户的安全性，即是否那些真正被授权的用户才能使用系统中的资源和数据；四是应用程序的安全性，即对特定数据进行合法操作的程序设计是否科学、可靠；五是数据的安全性，即涉密数据是否还处于保密状态。

具体的网络地理信息安全需求流见图 2—6。

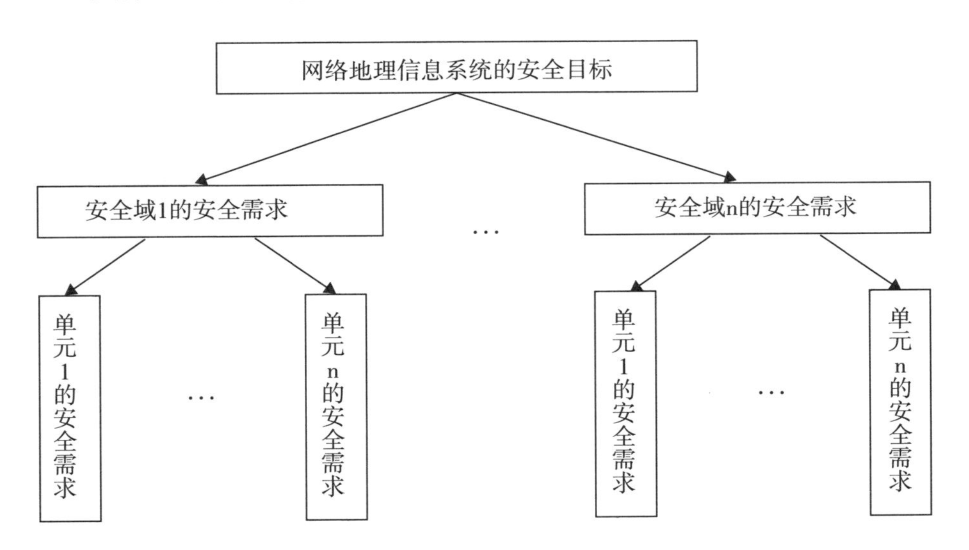

图 2—6　网络地理信息安全需求流

（二）采取安全保护措施

针对第一个环节形成的信息安全需求，组织可以采取具体的安全策略来防范和消除网络地理信息安全系统已经面临或可能面临的安全威胁。具体的安全策略主要有：一是分类施策：在准入安全域，可以采取严格资质管理、加强从业人员培训等；在审批安全域，可以采取加大保密内容审查、健全审批机制以及加强违法公布、传输、使用网络地理信息行为的处罚与纠错等；在风险管控环节，可以采取加强各种物理设备进行保护、依据信息安全需求选择加密机制（私钥加密、公钥加密、数字签名等）、建立分级分类访问控制机制等。二是使用技术：恰当地使用技术，比如在地理信息网络传输过程中，要使用好加密技术、数字签名技术、水印技术等；在互联网上公布地理信息时，要使用好信息隐藏技术和信息伪装技术等；对于整体的网络系统安全，可使用防火墙、访问控制、安全审计检测、应急响应等技术。

（三）检测

对网络地理信息系统采取安全保护措施后能不能完全消除系统的安全风险，还要依赖严密的检测检验过程，以确保网络地理信息系统的安全性。进行检测是动态响应和加强防护的依据，可以通过入侵检测系统以发现不正常的活动、信息系统的安全漏洞和脆弱点，并通过循环反馈来及时做出有效的响应。

基于 Agent 的入侵检测系统由 Agent、安全策略服务器、中心分析器、域分析器和入侵检测系统（IDS）构成。Agent 运行在每一台主机上。它的运行主要分为几个步骤：第一步，系统把黑客入侵的记录、木马或病毒的存在以及系统文件的完整性等主机信息生成安全性评估报告，并传递给域分析器；第二步，域分析器对照报告查找该域的脆弱点或安全漏洞并据此生成该域的安全性评估报告，并上传给中心分析器；第三步，根据安全域的安全性评估报告，中心分析器整理出整个信息系统的安全性评估报告，预测组织的信息系统被入侵的风险，并将它们分别上传给网络地理信

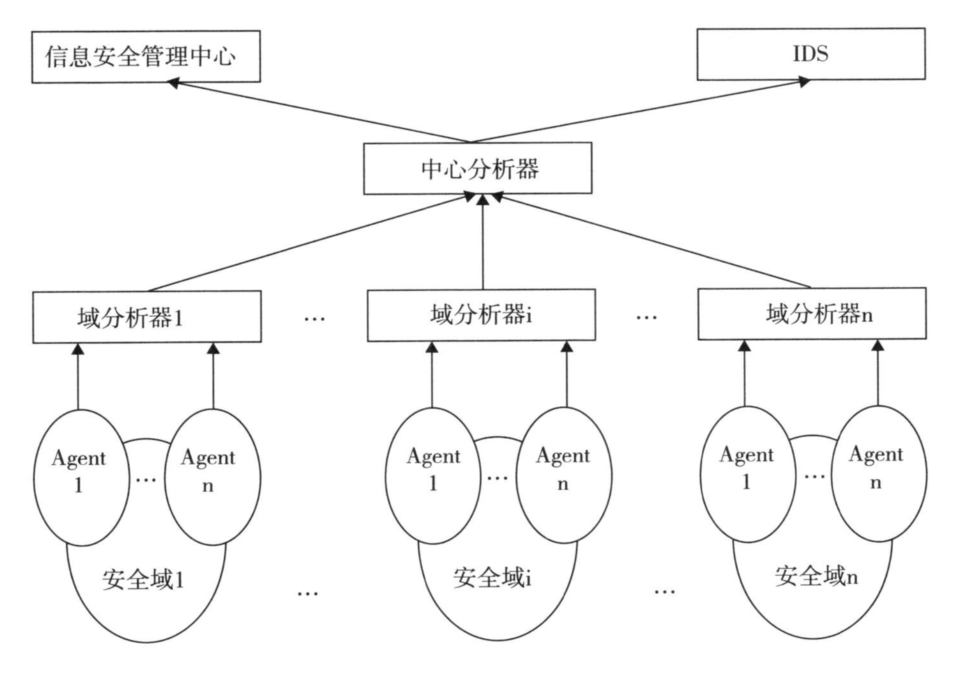

图 2—7　基于 Agent 的入侵检测系统

息安全管理中心和 IDS。[①]

（四）响应与补救

系统一旦检测到入侵，响应与补救系统就开始工作，网络地理信息安全管理中心就要采取应急响应与补救措施。响应包括紧急响应和恢复补救。应急响应与补救流程主要包括应急响应的准备工作、分析入侵行为的特征、收集和保护与入侵相关的资料、消除入侵所有路径、恢复系统正常操作、跟踪总结等六个环节，它们是循序渐进，依序展开的（见图 2—8）。[②]

---

① 李慧、刘东苏：《一个新的信息安全管理模型》，《情报理论与实践》，2005 年第 1 期，第 98—99 页。

② 卢卫星：《浅析信息安全应急响应体系》，《科技创新导报》，2011 年第 5 期，第 27—30 页。

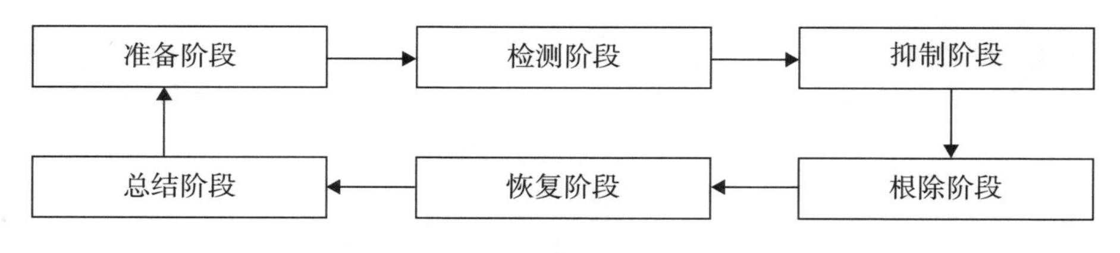

图 2—8　应急响应与补救流程图

四、网络地理信息安全政策的基本框架

理论模型为监管政策提供了思考问题的思路和框架，而网络地理信息监管模型及其运行程序的有效运作有赖于政策的有力支撑，否则，理论模型只是纸上谈兵，未能产生实践效果。保障网络地理信息安全，必须依据网络地理信息安全监管的理论模型制定切实有效的政策措施，有效应对网络地理信息安全所面临的各种威胁。依据网络地理信息安全监管的“准入—审批—风险管控”理论模型，构建网络地理信息安全监管的基本政策体系应从准入、审批、网络风险管控和外部保障四个层面来着手，通过有针对性的政策措施保证网络地理信息系统的安全性。

首先，保障准入环节的网络地理信息安全，需要依赖网络地理信息从业主体准入与退出政策，具体包含涉密地理信息从业单位与从业人员资格审查，网络地理信息安全服务资质的审核、评估、认定等方面。

其次，保障审批环节的网络地理信息安全，需要制定完善的网络地理信息公开行为审批政策（主要涉及网络地理信息拟公开内容审核、发布许可及使用登记等方面）和网络地理信息知识产权保护政策（主要涉及网络地理信息产权的界定，知识产权的保护范围与方式，知识产权转让的方式，违规侵权的处罚等）。

再次，保障网络地理信息系统的运行安全和数据安全，需要建构复合型网络风险管控政策体系。一是机房管理政策，主要涉及涉密管理人员资格审查与分类管理、涉密网络基础设施的设计与管理等；二是在分级管理的基础上制定涉密内网与外网的物理隔离政策，涉密内网与外网的物理隔离政策主要涉及网络地理信息保护范围的界定、涉密网络地理信息介质使用与保管等；三是实行涉密网络访问控制政策，涉密网络访问控制主要通过网络地理信息的密码管理、病毒防护、入侵检测、涉密网络地理信息的备案等手段，来防范非法访问和越界访问，实现网络地理信息产品的不可抵赖性、完整性和保密性；四是涉密网络地理信息软硬件产品安全管理政策，具体包含涉密网络地理信息软硬件产品的安全测评与采购审查政策、涉密计算机系统分级保护政策等；五是网络地理信息风险测评与控制政策，主要包括：制定网络地理信息产品的测评与认证体系，制定网络地理信息风险的评估标准体系，制定网络地理信息安全追踪与控制政策等。

最后，为保障“准入—审批—风险管控”模型的有效运行，还须建构五大外部保障机制：一是网络地理信息安全组织保障机制；二是网络地理

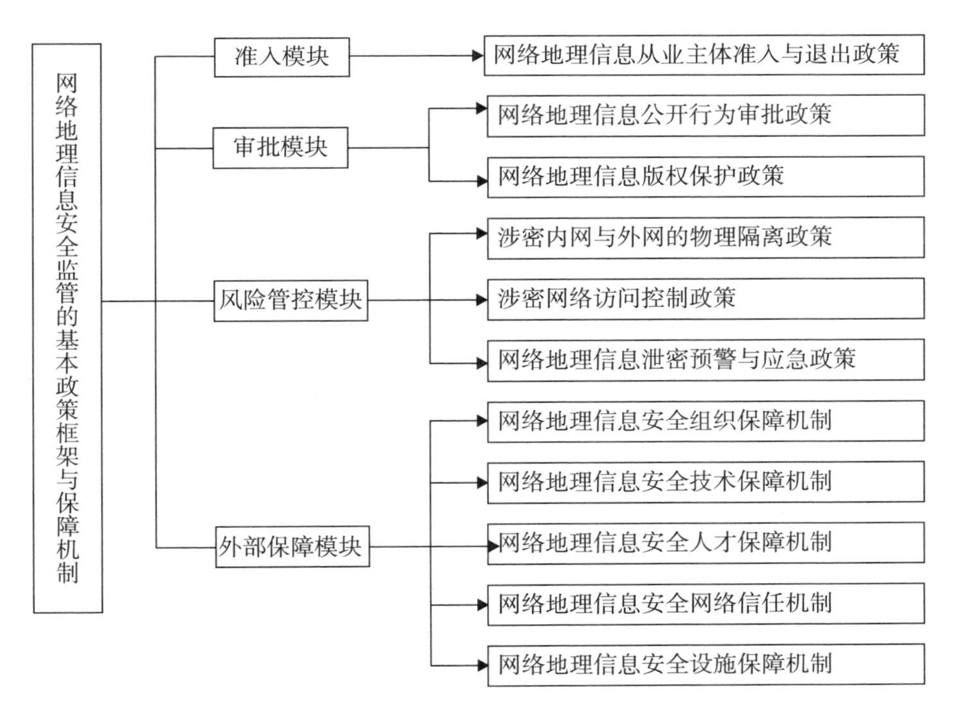

图 2—9　网络地理信息安全监管的基本政策框架与保障机制

信息安全财政保障机制；三是网络地理信息安全人才保障机制；四是网络地理信息安全数据获取与网络信任机制；五是网络地理信息安全设施保障机制（见图 2—9）。

第三章
我国网络地理信息安全政策的现状分析

国民经济发展，信息化进程加快，在此背景下，网络地理信息资源的社会需求也不断增长，网络地理信息安全的重要性日益凸显。针对于此，为确保国家网络地理信息安全，我国出台了相应的政策法规，同时在网络地理信息安全领域开展相关专项治理工作。不过，从总体上看，现有的网络地理信息安全政策并不系统和完善，无法有效应对地理信息的数字化、网络化和全球化趋势，也未能有效应对网络地理信息安全领域出现的新情况、新问题，目前我国网络地理信息安全政策方面问题仍然十分突出。本章在梳理我国网络地理信息安全政策的现状的基础上，对我国网络地理信息安全监管政策取得的成就与经验进行总结，同时对我国网络地理信息安全监管政策中存在的不足加以说明，为进一步完善网络地理信息安全政策体系提供现实的参照。

一、我国网络地理信息安全政策建设取得的成就

（一）依法监管已被确立为保障网络地理信息安全的根本发展路径

国家和相关部门近年来对网络地理信息安全问题给予很大的关注。在

关于信息产业和现代服务业领域，《国家中长期科学和技术发展规划纲要（2006—2020年）》提出："重点研究开发国家基础信息网络和重要信息系统中的安全保障技术，开发复杂大系统下的网络生存、主动实时防护、安全存储、网络病毒防范、恶意攻击防范、网络信任体系与新的密码技术等。"在加强技术的同时，通过制度建设来保障网络地理信息安全逐渐成为国家及相关部门的共识。《测绘地理信息发展"十二五"总体规划纲要》（2011年）中指出，到2015年，基本建立满足现代化、信息化要求的测绘管理体制、运行机制。为全面推进测绘地理信息依法开展行政工作，国家测绘地理信息局法规与行业管理司专门制定了《关于加强测绘地理信息法治建设的若干意见》（2011年）。特别是在近五年来，为规范地理信息安全管理，国家测绘地理信息局制定了一系列涵盖从业主体资质、地图审核、地图出版、地图使用等政策规定。工业与信息化部也制定了一系列关于网络信息服务的政策法规，如《互联网信息服务管理办法》。

（二）网络地理信息安全政策建设取得重要进展

近年来，从中央到地方都在建立健全网络地理信息安全政策规范方面进行了有益的探索，初步构建了我国关于保证网络地理信息安全的政策规范体系。从纵向看，我国已初步建立起中央到地方立体化的网络地理信息安全法律法规网络，主要包括：一是与网络地理信息有关的基本法律规范。新修订的《中华人民共和国测绘法》（2017年修订）作出新安排，为保障地理信息安全（包含网络地理信息安全）确立了顶层设计，对于保障新时期网络地理信息安全具有重要战略意义。最新修订的《中华人民共和国刑法》（2015年11月1日实施）对间谍罪进行界定，在打击网络地理信息安全泄密、保障网络地理信息安全方面提供了法律依据。《中华人民共和国测绘法》自2002年12月1日起施行，明确了地理信息活动各相关方面的权利和义务，规范了行政管理行为，为地理信息安全管理提供了有力的法律支持。《中华人民共和国安全法》（1993年2月

22日生效）和《中华人民共和国保守国家秘密法》（2010年10月1日生效）从保密角度界定了国家安全事项，也为地理信息安全管理提供了重要的法律依据。特别是，为推动网络安全顶层设计、建立保障网络安全的长效机制，2016年11月7日第十二届全国人民代表大会常务委员会第二十四次会议制定《中华人民共和国网络安全法》，为网络地理信息安全政策法规建设确立了新的指南，使网络地理信息安全发展到一个新的阶段，为构建完善的网络安全监管政策体系指明了方向、提出了新的任务。《中华人民共和国网络安全法》规定建立关键信息基础设施运营者采购网络产品、服务的安全审查制度，对网络地理信息安全基础设施监管政策的完善提出了新的要求；同时，《中华人民共和国网络安全法》要求加强网络安全监测预警和应急制度建设，为网络地理信息安全的监测预警和应急机制的完善提出了新的任务和建设方向。二是国务院制定的行政法规和国务院所属部委制定的部门规章和行政措施，如《中华人民共和国测量标志保护条例》、《中华人民共和国地图编制出版监管条例》、《基础测绘条例》、《地图管理条例》、《计算机信息网络国际联网安全管理条例》、《基础测绘成果提供使用管理暂行办法》、《地图审核管理规定》、《测绘管理工作国家秘密范围的规定》、《公开地图内容表示若干规定》、《测绘标准体系》（2017年修订版）、《中华人民共和国测绘成果管理条例》、《信息网络传播权保护条例》、《计算机信息网络国际联网安全防护办法》、《全国测绘地理信息应用成果和地图网上展览运行维护管理办法》、《关键信息基础设施保护条例》、《测绘资质管理规定》、《关于加强国家网络安全标准化工作的意见》等。三是省级、较大的市的人民代表大会及其常务委员会制定的有关网络地理信息安全的地方性法规和地方政府规章。几乎每个省都制定了符合本地实际的测绘条例或测绘管理条例，如：《北京市测绘条例》、《江苏省测绘条例》、《安徽省测绘管理条例》、《辽宁测绘条例》、《云南省测绘条例》、《上海市测绘管理条例》、《四川省测绘成果管理办法》、《海南省实施中华人民共和国测绘办法》、《湖南省实施中华人民共和国测绘方法》、《陕西测绘地理信息局网络安全重点工作实施方案》等。上述各类关于网络地理信息安全的法律法规等规范性文件，从不同方面和不同层次对网络地理信息安全管理作出了规定，共同组成保障我国目前网络地理信息安全的政策框架。

从横向看，我国已初步建立了涵盖网络地理信息安全监管各领域的政策法规体系。主要包括：一是技术标准类，如《测绘地理信息标准化“十二五”规划》、《测绘标准体系》、《测绘标准化工作管理办法》、《测绘地理信息市场信用评价标准（试行）》、《基础地理信息标准数据基本规定》、《国家测绘地理信息局制定的测绘地理信息国家标准》（截止到2017年12月）、《国家测绘地理信息局制定的测绘地理信息行业标准》（截止到2018年1月）、《测绘地理信息标准化服务平台》、《国家测绘地理信息局制定的测绘地理信息计量检定规程》、《测绘地理信息领域重要信息系统商用密码应用规划（2016－2020年）》等。二是管理规范类，如《关于加强互联网地图管理工作的通知》、《关于规范互联网服务单位使用地图的通知》、《关于互联网规范使用地图的通知》、《遥感影像公开使用管理规定》、《测绘地理信息质量管理办法》、《关于加强国家版图意识宣传教育和地图市场监管的意见》、《关于进一步加强网络地图服务监管工作的通知》、《关于加强测绘地理信息安全管理制度的通知》、《关于加强涉密测绘地理信息安全管理的通知》、《国家测绘应急保障预案》等。三是行政审批类，如《地图审核管理规定》、《关于进一步加强实景地图审核管理工作的通知》、《外国的组织或者个人来华测绘管理暂行办法》等。四是行政执法类，如《关于加强测绘地理信息行政执法工作的意见》、《测绘行政执法证管理规定》、《测绘行政处罚程序规定》等。

（三）建立了涵盖网络地理信息安全监管全过程的基础性制度和监管措施

网络地理信息安全监管涉及网络地理信息生产、传输、存储、处理以及使用全过程。为保障网络地理信息的整体性安全，我国建立了一系列涵盖网络地理信息安全监管全过程的基础性制度。主要有：一是网络地理信息行业准入制度。如《地图管理条例》第三十三条规定，互联网地图服务单位向公众提供涉及地图下载、复制、发送、引用等服务应当依法取得相应的测绘资质证书。《互联网地图服务专业标准》进一步把测绘资质分为甲级和乙级两种，并从主体资格、人员规模、仪器设备、作业限额、保密管理等方面设立了具体标准。比如，要获得甲级资质，在人员规模上须达到20人以上，其中中级以上专业技术人员须5人以上、地图安全审校人员5人以上。二是网络地理信息传输与储存的物理隔离制度。如，国家测绘地理信息局在《关于加强涉密测绘地理信息安全管理的通知》第三条第一款中明确规定，涉密地理信息的存储和处理必须在涉密信息系统中完成，涉密信息系统或涉密计算机严禁接入公共信息网络；第三条第二款规定，非涉密信息系统不得接入存储涉密地理信息的移动介质；涉密信息系统不得接入非涉密移动介质。三是网络地理信息的安全标准制度。如，《测绘标准化工作管理办法》具体规定了测绘术语、分类、模式、代号、代码、符号、图式、图例、高程基准、国家基本比例尺地图、公众版地图、基础地理信息数据生产检验和管理等技术要求。《公开地图内容表示补充规定》第七条规定，重要桥梁的限高、限宽、净空、载重量和坡度属性、江河的通航能力、水深、流速、底质和岸质属性、隧道的高度和宽度属性等不能在地图公开。四是网络地理信息传播审批制度。如《中华人民共和国地图编制出版管理条例》第十条规定，普通地图应当由专门地图出版社出版，其他出版社不得出版；设立地图出版范围，应当按照规定程序报国务院出版行政管理部门审批。第十五条规定，地图印刷或者展示前未按照规定将试制样图报送测绘主管部门审核的，由国务院测绘行政主管部门依法作出行政处罚。《国家测绘局关于进一步加强涉密测绘成果行政审批与使用管理工作的通知》第五条规定，任何单位、部门和个人不得擅自提供使用未经行政审批的涉密测绘成果。五是网络地理信息的使用许可制度。如《国家基础地理信息数据使用许可管理规定》第九条规定，使用国家基础地理信息数据的部门、单位和个人（以下简称“使用单位”），必须得到使用许可，并签订《国家基础地理信息数据使用许可协议》。六是网络地理信息安全人才保障制度。早在2006年，中国共产党国家测绘局党组就制定了《关于加强“十一五”测绘人才工作的意见》，就建设高素质的党政管理人才、经营管理人才、高技能人才提出了创新机制、改善环境、搭建平台等系列措施。七是网络地理信息的知识产权保护制度。《中华人民共和国测绘法》第三十三条就明确规定，国家依法保护测绘成果的知识产权。《中华人民共和国测绘成果管理条例》第十九条更加具体地规定，为保障出资人的知识产权，使用人要使用测绘成果，应依法与测绘项目出资人签订书面协议。八是网络地理信息安全的对外合作制度。近些年来，我国引进并翻译了一大批国外有关网络地理信息安全监管的制度文件，如美国的《加强网络安全法案》、《关于州、地区、部落和私人部门实体的国家安全信息分类计划》、日本的《互联网信息安全计划》、俄罗斯的《俄联邦信息安全法》、《关于获得、使用和提供地理空间信息的规定》等，这些法律文本为我国网络地理信息安全监管政策体系建设提供了有益的经验借鉴。

除了基础性制度建设之外，现代信息技术在网络地理信息安全中的重要作用也越来越得到政府监管部门的重视。政府监管部门已经充分认识到，网络地理信息安全的保障必须要依赖地理信息技术与网络信息技术的有效结合。一方面网络地理信息与互联网相结合，以大数据为基础，推动地理信息开发、获取、使用、处理、储存和共享等模式的更新，使网络地理信息安全与互联网的安全紧密结合。另一方面地理信息技术与移动网络、3D技术的结合大大推动了地理信息的个人使用便利性，但是，也为网络地理信息安全埋下了相关的隐患。如电子地图的使用方面，便利生活的同时也很有可能会造成相关涉密地图的泄露。因此，运用网络技术时，要时刻关注网络地理信息的安全。为此，《测绘地理信息发展“十二五”

总体规划纲要》强调，要着力加强地理信息网络化管理与服务关键技术研究，重点发展多元时空网络地理信息系统、信息化地理信息资源体系构建、互联网泛在地理信息搜索分析与安全监管、数字城市与区域空间信息共享服务等，广泛应用加密、防火墙、访问控制、安全审计检测、应急响应等技术，通过地理信息技术与网络信息技术的有效结合来保障网络地理信息安全。

综上，我国已从行业准入、地图编制、信息传播、使用许可、设施管理、信息安全、市场监管与国际合作等方面确立了涵盖网络地理信息安全监管全过程的基础性制度和技术措施，为保障当下中国网络地理信息安全发挥了关键性作用，也为构建我国较为完善的网络地理信息安全政策体系奠定了坚实的制度基础。

二、我国网络地理信息安全政策存在的主要问题

近些年，虽然各方十分重视地理信息安全建设并制定了相关法律政策，但现行相关政策措施只是体现或是隐含在涉及国家安全的一系列保密法规、规程以及政策之中，从不同层面反映了国家信息的保密要求、保密思想。但就地理信息本身而言，国家尚没有针对地理信息安全保密制定专门的政策法规，缺乏系统性和完备性；地理信息的网络化、数字化和全球化趋势的发展，给地理信息安全带来了许多新的挑战，相关的政策法规也存在着空白；有关政策法规存在协调性和可操作性等问题，网络地理信息政策法规建设严重滞后，亟待梳理与完善。

本书以网络地理信息安全监管基本政策框架为基准，选取国务院、国家测绘地理信息局、国家保密局、工业与信息化部等出台的有关网络地理信息政策法规进行对比分析，力图发现我国在网络地理信息安全建设过程中存在的主要问题，并由此为我国网络地理信息安全监管政策建设找准着力点。

（一）涉密内网与外网的物理隔断政策

物理隔断是网络地理信息安全的主要结构层次之一，也是基础的结构层次。网络地理信息安全中的物理隔断主要包括以下几部分：（1）自然灾害、物理损坏和设备故障；（2）电磁辐射、外部入侵和痕迹泄露；（3）操作失误、意外疏忽等。同时还包括机房管理政策以及涉密地理信息软件产品的安全监管政策的制定和实行。

通过综合整理《中华人民共和国计算机信息安全保护条例》、《关于整顿和规范地理信息市场秩序的意见》、《中华人民共和国基础测绘条例》、《地图内容审查上岗证管理暂行规定》、《关于加强涉密测绘地理信息安全监管通知》、《关于加强网络地图管理工作的通知》、《中华人民共和国地图审核管理规定》、《关于整顿和规范地理信息市场秩序的意见》、《测绘地理信息市场信用评价标准（试行）》、《“十一五”期间测绘外事工作基本思路》、《中华人民共和国计算机信息网络国际联网管理暂行规定》、《中华人民共和国测绘成果管理条例》、《全国人民代表大会常务委员会关于维护互联网安全的决定》等相关文件，目前涉密内网与外网物理隔断政策的主要不足在于以下几个方面。

第一，物理隔断政策规定不够细化，缺乏操作性。例如，《国家测绘地理信息局机关网络信息系统安全管理暂行规定（试行）》第五条和第七条规定：“根据功能和物理条件，局机关网络信息系统分为内网系统和外网系统，均为非涉密网。内网系统和外网系统之间实行物理隔离。”但是，怎样进行物理隔离却没有细化措施，导致物理隔离难以操作。再如，《中华人民共和国计算机信息系统安全保护条例》第三条以及第十条规定：“计算机信息系统的安全保护，应当保障计算机及其相关的和配套的设备、设施（含网络）的安全，运行环境的安全，保障信息的安全，保障计算机功能的正常发挥，以维护计算机信息系统的安全运行。在计算机机房附近施工，不得危害计算机信息系统的安全。”这两条规定高度关注保障设施和运行环境安全对物理隔离的重要性，但是却没有对如何保障设施和运行环境安全制定可操作的措施。

根据表 3—1，我国目前主要关于网络地理信息安全的政策法规条例中，涉及物理隔断政策的占了一部分，但是具体相关的物理隔断政策却没有进行具体、细化地制定，留下了许多空白和缺失的地方。尤其是在对物理隔断分类进行划分的地方没有详细的规定。例如遇到突发性自然灾害应该如何应对，遇到大规模非法入侵应如何补救和立刻采取什么样的相应措施。又如遇到技术失误或电子设备失控，应如何应对。还有涉及重要网络地理信息备份的相关安全政策没有明文规定。

表 3—1　物理隔断具体政策初步梳理

相关法律法规	是否具有物理隔断相关政策	物理隔断相关政策是否具体、细化
《中华人民共和国计算机信息系统安全保护条例》	是	否
《关于整顿和规范地理信息市场秩序的意见》	否	否
《中华人民共和国基础测绘条例》	是	否
《地图内容审查上岗证管理暂行办法》	否	否
《关于加强涉密测绘地理信息安全管理的通知》	是	是
《关于加强互联网地图管理工作的通知》	是	否
《中华人民共和国地图审核管理规定》	是	否
《国家测绘地理信息局机关网络信息系统安全管理暂行规定（试行）》	是	否
《中华人民共和国测绘法》	否	否
《地图管理条例》	否	否
《关于进一步加强实景地图审核管理工作的通知》	否	否
《关于互联网规范使用地图的通知》	否	否

第二，网络地理信息涉密人员选拔机制不完善。近些年来，地理信息主管部门高度重视涉密人员的岗位职责和技术培训工作，并制定了一系列的政策措施，但是，仍然存在缺乏具体的选拔标准和培训要求，导致网

络地理信息涉密人员的教育、培训、选拔等未能达到应有的效果。例如，《关于进一步贯彻落实测绘成果核心涉密人员保密管理制度的通知》规定："凡从事涉密测绘成果生产、加工、保管、利用活动的单位，应当全面明确测绘成果核心涉密人员工作岗位。"《互联网地图服务专业标准》规定，互联网地图资质获得要"配备质量技术人员；从事互联网地图服务的质检人员，要经过质量技术培训"。《关于整顿和规范地理信息市场秩序的意见》规定："依法持有涉密地理信息的单位要强化安全保密措施，要明确涉密岗位责任，防范他人非法获取涉密地理信息。"《关于加强测绘质量管理的若干意见》第十三条规定："规范质检队伍的建设与管理。要逐步实行专业质检人员持证上岗制度和考核淘汰制度，加强对专业质检人员的业务培训和继续教育，全面提升专业质检人员的技术水平。可通过考试、考核等形式，在全行业范围内选拔一批具备较高专业水平和检验能力的专家，充实质检力量。"这些规定强调要加强涉密人员的教育、培训和管理，但是如何教育、如何培训却没有操作性的规定，从而影响了这些措施的政策效果（见表3—2）。

表3—2 关于"网络地理信息涉密人员选拔培训"的规定

相关法律法规	是否明确专业技术人员相关规定和规范	相关规定和规范是否具体、明细	是否具有相关追责条例
《关于整顿和规范地理信息市场秩序的意见》	否	否	
《测绘地理信息市场信用评价标准（试行）》	是	否	否
《中华人民共和国测绘法》	是	否	否
《中华人民共和国计算机信息网络国际联网管理暂行规定（国务院令第195号）》	是	否	否
《中华人民共和国测绘成果管理条例》	否	否	否
《全国人民代表大会常务委员会关于维护互联网安全的决定》	是	否	否
《关于进一步贯彻落实测绘成果核心涉密人员保密管理制度的通知》	是	否	否

《关于加强测绘质量管理的若干意见》	是	否	否
《互联网地图服务专业标准》	是	否	否
《地图管理条例》	是	否	否
《中华人民共和国测绘法》	是	否	否
《关于进一步加强实景地图审核管理工作的通知》	是	否	否
《关于互联网规范使用地图的通知》	是	否	否

第三，网络地理信息加密软件及程序方面的规定过于笼统。目前我国网络地理信息加密软件及程序方面，主要包括密钥、口令、密码、加密设备等来实现网络地理信息安全方面的物理隔断。但是目前相关法律法规和文件条例方面关于这方面的规定非常缺乏，仅仅存在于一些相对较为专业的文件中。例如，《互联网地图服务专业标准》规定："档案保管方面近3年内未出现档案失、泄密事件不存在非法持有、擅自复制秘密测绘资料档案的行为计算机不存在擅自复制刻录、未设置开机口令的行为，不存在擅自向任何组织、机构和人员提供密级测绘资料档案的行为。"又如，"管理制度方面，单位建立登记、入库、审核、复制、删除等档案工作制度，地图数据实行统一管理；删除管理方面，制定了互联网地图服务资料档案的删除程序并严格执行"。其他相关方面的诸多文件，在具体物理隔断的具体手段和方法措施上则没有明确的硬性规定，具体规定很模糊。

（二）网络地理信息网络访问控制政策

通过梳理《中华人民共和国计算机信息网络国际联网管理暂行规定》、《中华人民共和国计算机信息系统安全保护条例》、《计算机信息网络国际联网安全保护办法》、《国家测绘地理信息局机关网络信息系统安全管理暂行规定（试行）》、《国家测绘地理信息局互联网电子邮件系统管理暂行办法（试行）》、《国家测绘局关于加强测绘系统网站建设的指导意见》、《计算机病毒防治管理办法》等相关法律法规和文件规定，我们发现，目前我国网络地理信息的网络访问控制政策主要存在以下问题。

第一，网络访问控制政策呈现碎片化特征，缺乏对地理信息涉密内网访问控制的具体规定。近些年来，虽然在国家涉密网络访问控制、银行网络访问控制等方面制定若干政策法规，但是，针对地理信息网络访问控制的专门性政策却处于空白。有关地理信息访问控制的相关政策规定只能从一些零星的宏观法律条文中得以窥探，这种状况与当前网络地理信息技术的发展呈现严重不成比例关系。

表 3—3　网络访问控制政策初步梳理

相关法律法规	是否涉及网络访问控制	是否涉及网络地理信息访问控制
《中华人民共和国计算机信息网络国际联网管理暂行规定》	是	否
《中华人民共和国计算机信息系统安全保护条例》	是	否
《计算机信息网络国际联网安全保护办法》	是	否
《国家测绘地理信息局机关网络信息系统安全管理暂行规定（试行）》	是	是
《国家测绘地理信息局互联网电子邮件系统管理暂行办法（试行）》	是	否
《国家测绘局关于加强测绘系统网站建设的指导意见》	是	否
《地图管理条例》	否	否
《中华人民共和国测绘法》	否	否
《关于互联网规范使用地图的通知》	否	否

第二，涉密网络地理信息网络访问的权限管理不健全、不科学。权限管理是保障涉密网络地理信息访问的重要方式，《中华人民共和国计算机信息系统安全保护条例》尽管对涉密计算机的权限管理原理与措施作出了规定，但并没有具体涉及网络地理信息的权限管理问题。《国家测绘地理信息局机关网络信息系统安全管理暂行规定（试行）》第十二条虽然规定了机关网络访问的权限规则："未经批准任何人不得擅自接入网络，网络内计算机实行专网专用，不得擅自更改接入其它网络信息系统。网络用户应当严格依据各自的权限进行网上活动，不得越权修改网络系统设置"，

但就如何通过监管分离原则实现内网访问的控制却没有具体的措施，以致影响了这一规定的政策效果。

第三，涉密网络地理信息访问的身份鉴别机制不健全，安全审计机制缺失。《国家测绘地理信息局机关网络信息系统安全管理暂行规定(试行)》第十三条规定："任何人不得以任何手段窃取他人计算机帐号和口令，不得盗用他人的MAC、IP地址等信息登录网络。"这一条为涉密网络地理信息访问设置了身份鉴别程序，将为网络地理信息的安全访问发挥重要保障作用，但是遗憾的是，对于如何设置口令、如何设置涉密计算机帐号、如何设置和保护IP地址，等等，都没有制定操作性的办法，这些说明我们需要制定更为具体的、有针对性的网络地理信息访问政策。另外，《国家测绘地理信息局机关网络信息系统安全管理暂行规定（试行)》第八条虽规定网络访问的审批程序："各司局、单位的计算机需要接入局机关网络信息系统时，应当填写《国家测绘地理信息局机关网络信息系统接入申请表》，经本部门、单位领导签字后向局办公室提出申请。局办公室核批后交局管理信息中心备案。局管理信息中心备案有关信息后，开通相应网络"，但是，依据什么标准许可网络访问却没有规定，以致审批权力弹性太大，影响网络地理信息访问安全。

第四，网络地理信息系统分级访问机制尚未建立。网络分级访问是促进地理信息保密与共享平衡的基本途径。近年来，我国制定了一系列关注网络安全的法律法规，如《中华人民共和国网络安全法》、《中华人民共和国计算机信息系统安全保护条例》、《计算机信息网络国际联网安全保护办法》。其中《中华人民共和国网络安全法》第二十一条明确规定，国家实施和执行网络安全等级保护制度，网络经营者应当遵守网络安全等级保护制度的要求，履行下列网络地理信息安全保护义务，保证网络不受干扰、破坏或者未经授权的进入，防止网络数据泄密或者被窃取、修改。但是，对于怎样分级保护却没有相关的法规、规章作详细的规定。特别是，关于专门涉及网络地理信息分级访问的政策法规还处于缺失状态，导致网络地理信息系统的分级访问欠操作性。

表 3—4 网络访问控制政策初步梳理

相关法律法规	是否涉及网络访问控制	是否涉及分级访问控制
《中华人民共和国计算机信息网络国际联网管理暂行规定》	是	否
《中华人民共和国计算机信息系统安全保护条例》	是	否
《计算机信息网络国际联网安全保护办法》	是	否
《国家测绘地理信息局机关网络信息系统安全管理暂行规定（试行）》	是	是
《国家测绘地理信息局互联网电子邮件系统管理暂行办法（试行）》	是	否
《国家测绘局关于加强测绘系统网站建设的指导意见》	是	否
《中华人民共和国网络安全法》	是	是
《地图管理条例》	否	否
《中华人民共和国测绘法》	否	否
《关于互联网规范使用地图的通知》	否	否

（三）网络地理信息从业主体准入与清退政策

本部分主要选取《中华人民共和国测绘法》、《中华人民共和国基础测绘条例》、《关于进一步加强互联网地图服务资质管理工作的通知》、《关于加强互联网地图管理工作的通知》、《互联网地图专业服务标准》、《关于加强网上地图管理的通知》、《地图管理条例》、《关于互联网规范使用地图的通知》、《互联网地图专业服务标准》等政策文本，通过梳理与分析，得出当前网络地理信息从业主体准入与清退政策的主要不足主要存在于以下几个方面。

第一，网络地理信息从业主体准入与清退的等级与标准划分过粗，未形成统一、规范、具体、明晰化的等级和标准划分。等级标准和准入条件是网络地理信息从业单位资质认证的核心内容。为了加强互联网地图服务资质管理，国家地理信息局专门制定了《互联网地图服务专业标准》、

《关于加强互联网地图管理工作的通知》、《中华人民共和国计算机信息网络国际联网管理暂行规定（国务院令第195号）》等规范性文件，为互联网地图服务设定了服务标准，为保障网络地理信息安全发挥了积极作用。但是，这些服务标准仍然存在以下三个主要问题：一是服务标准只针对地图，而没有涉及网络发布地理信息数据、测绘成果、地理信息影像资料、音频资料等其他网络地理信息的规制；二是准入条件过于笼统，缺乏针对性和可操作性。例如，《中华人民共和国测绘法》第二十七条规定，具体进行测绘活动的单位需具备下列条件，并依据相关法律取得对应等级测绘资质证书，以便能够合法地开展测绘活动：（1）具备法人资格；（2）具备与开展的测绘活动相协调适应的专业技术人员；（3）具备与开展的测绘活动相协调的技术和设备；（4）具备完整的技术和质量保证体系、安全管理保障措施、信息安全保密监管制度以及测绘记录和资料档案管理规章制度。

《地图管理条例》第三十三条规定，互联网地图服务单位向公众提供地理位置定位、地理信息上传标注和地图数据库开发等服务的，应当依法取得相应的测绘资质证书。《关于加强互联网地图管理工作的通知》第一条规定："互联网地图服务单位应当依法取得相应的互联网地图服务测绘资质，并在资质许可的范围内提供互联网地图服务。"这些规定虽明确了获得网络地理信息从业资格必须获得相关资质，但对于获得这种资质需要具体什么条件却不甚明确。虽然《互联网地图服务专业标准》规定了保密管理、技术管理、质量管理等方面的具体要求，但缺乏针对性，比如保密管理中提到"建立地图数据安全管理制度，配备安全保障技术设施"、"地图安全审校人员经国家测绘局考核合格或经省级以上测绘行政主管部门考核合格"等要求，但是地图地理信息数据安全管理制度的具体实施要求是什么？安全保障需要具备哪些技术与设备要求？地图安全审校人员考核的标准是什么？再如技术管理只提出要有"独立地图引擎"，而没有对涉密地理信息处理方面提出要求，等等。

表 3—5 若干网络地理信息政策关于"从业主体准入标准"的规定

相关法律法规	是否具有明确的等级与标准划分	等级与标准划分是否明细化
《关于进一步加强互联网地图服务资质管理工作的通知》	是	否
《关于加强互联网地图管理工作的通知》	否	
《互联网地图专业服务标准》	是	是
《中华人民共和国基础测绘条例》	否	
《中华人民共和国测绘法》	是	否
《中华人民共和国计算机信息网络国际联网管理暂行规定》	是	否
《地图管理条例》	是	否
《关于互联网规范使用地图的通知》	是	否

第二，从业单位保密资格审查缺乏统一的标准。我国目前相关法律法规虽然规定了从业单位保密资格审查方面的要求，但是却没有规定具体统一的审查标准和执行要求，导致资质的保密审查常常走过场，一些保密方面不健全的单位也能获得网络地理信息的从业资质，影响网络地理信息安全。

表 3—6 若干网络地理信息政策关于"从业单位保密资格审查"的规定

相关法律法规	是否具有配套的保密制度相关要求条款	保密制度的制定和执行是否具有统一标准
《关于加强涉密测绘地理信息安全管理的通知》	是	否
《计算机信息网络国际联网安全保护管理办法（公安部令第 33 号）》	否	
《中华人民共和国计算机信息系统安全保护条例》	是	否
《全国人民代表大会常务委员会关于维护互联网安全的决定》	是	否
《地图管理条例》	是	否
《中华人民共和国测绘法》	是	否
《关于互联网规范使用地图的通知》	是	否

第三，从业人员执业资格要求标准划分过于笼统，没有明确不同等级

的从业人员的从业资格等级要求。目前较为具体的从业人员执业资格要求体现在《互联网地图服务专业标准》等类似文件中，但是，在从业人员执业资格的标准划分上，这些政策规定比较模糊，相关的要求和规定比较笼统，没有形成具体的、专业的划分细则。这样导致了从业人员准入机制的混乱和不完善，影响到我国网络地理信息安全。例如，《地图管理条例》第三十条只规定，进行相关测绘活动的专业技术人员应当具备相应的执业资格资质，但是并没有具体明确不同等级的从业人员的从业资格等级要求。《互联网地图服务专业标准》中提及“质量意识教育和技术培训从事互联网地图服务的质检人员，经过质量技术培训”，但是具体的等级划分也仅仅是从服务专业领域进行了甲、乙两个等级的划分，并没有明确划分出具体的资格标准。《关于加强涉密测绘地理信息安全管理的通知》第三条规定：“各级测绘地理信息行政主管部门要贯彻落实测绘成果核心涉密人员持证上岗制度，加大核心涉密人员岗位培训教育力度。要将涉密测绘地理信息生产和使用单位测绘成果核心涉密人员岗位培训要求纳入涉密测绘成果提供审批管理及测绘资质管理工作中。”

表 3—7　若干网络地理信息政策关于“从业人员执业资格”的规定

相关法律法规	是否具有从业人员资质标准划分的相关规定	相关规定划分程度
《中华人民共和国测绘法》	是	主要体现在测绘方面，而具体互联网相关的从业资质划分体现不明确
《互联网地图服务专业标准》	是	有相关从业人员资质标准，但是划分比较笼统
《关于加强互联网地图管理工作的通知》	是	划分比较笼统
《关于进一步加强互联网地图服务资质管理工作的通知》	是	标准划分不明确
《关于进一步加强网络地图服务监管工作的通知》	否	标准划分不明确
《地图管理条例》	是	标准划分不明确

相关法律法规	是否具有从业人员资质标准划分的相关规定	相关规定划分程度
《中华人民共和国测绘法》	是	标准划分不明确
《关于互联网规范使用地图的通知》	是	标准划分不明确

第四，网络地理信息服务市场清退政策处于空白状态。目前我国有关网络地理信息监管的法律法规中，涉及从业主体的相关规定制定主要集中在准入制度上，在从业主体的清退上几乎处于空白状态。

表 3—8 若干网络地理信息政策关于“市场清退”的规定

相关法律法规	是否有明确的清退政策
《互联网服务专业标准》	否
《中华人民共和国测绘法》	否
《关于加强互联网地图管理工作的通知》	否
《中华人民共和国地图编制管理出版条例》	否
《中华人民共和国基础测绘条例》	否
《关于加强网上地图管理的通知》	否
《关于进一步加强互联网地图服务资质管理工作的通知》	否
《地图管理条例》	否
《关于互联网规范使用地图的通知》	否

清退政策的空白和缺失导致目前较多网络地理信息从业主体在通过准入关，进入测绘市场之后，无需担忧出现失误、违规甚至违法现象的具体追责，导致我国测绘市场“只进不出”的混乱局面，这样严重威胁到我国网络地理信息安全。目前需要制定具体的清退政策的总的纲领性政策，然后根据总的纲领性政策制定出不同测绘领域和单位具体的清退政策，保证我国网络地理信息的安全和发展。

（四）网络地理信息公开行为审批政策

网络地理信息公开行为是指互联网上公开出版、销售、传播、登载和展示地理信息的行为。本部分通过整理分析《中华人民共和国测绘法》、《中华人民共和国基础测绘条例》、《重要地理信息数据审核公布管理规定》、《关于加强涉密测绘地理信息安全管理的通知》、《中华人民共和国地图编制出版管理条例》、《关于进一步加强涉密测绘成果行政审批与使用管理工作的通知》、《关于加强国家版图意识宣传教育和地图市场监管的意见》、《地图审核管理规定》、《中华人民共和国计算机信息系统安全保护条例》、《中华人民共和国地图审核管理规定》、《中华人民共和国计算机信息网络国际联网管理暂行规定（国务院令第195号)》等相关政策法规，可以从中发现，目前情况下我国有关网络地理信息公开行为制定的审批政策存在以下不足。

第一，网络地理信息公开行为的审批缺乏明确的、硬性的标准化规定。根据现有相关规定来看，虽然在网络地理信息的获取、处理、传播、使用方面设立了审批制度，但是大部分都仅仅是从宏观或纲领和概要的角度来进行规定的，网络地理信息的传播和使用的保密性和安全性要求不严密，对网络地理信息工作的相关人员或涉密人员的专业知识和上岗培训缺乏强制性规定。例如，《地图管理条例》第三十三条规定："互联网地图服务单位从事互联网地图出版活动的，应当经国务院出版行政主管部门依法审核批准。"《关于进一步加强涉密测绘成果行政审批与使用管理工作的通知》第一条规定："各级测绘行政主管部门必须要严格执行相关涉密测绘成果审批制度，并依法履行行政审批职能。"这些政策法规虽然强调了网络地理信息使用审批的重要性，但是，至于按什么标准进行审批、按什么程序进行审批并没有制定具体的办法。

表3—9 主要网络地理信息公开行为政策初步梳理

相关法律法规	是否具有相关的审批政策	审批政策是否具体细化
《中华人民共和国测绘法》	是	否
《中华人民共和国基础测绘条例》	是	否

相关法律法规	是否具有相关的审批政策	审批政策是否具体细化
《重要地理信息数据审核公布管理规定》	是	否
《关于加强涉密测绘地理信息安全管理的通知》	是	否
《中华人民共和国地图编制出版管理条例》	是	否
《关于进一步加强涉密测绘成果行政审批与使用管理工作的通知》	是	是
《关于加强国家版图意识宣传教育和地图市场监管的意见》	否	
《地图审核管理规定》	是	否
《地图管理条例》	是	否
《关于互联网规范使用地图的通知》	是	否
《关于加强实景地图审核的通知》	是	否

第二，目前，我国网络地理信息公开审批政策的审批主体基本明确，但具体细节划分不到位。然而，审批主体与审批流程之间的权责划分并不完善。即使审批主体划分清楚，也容易因具体政策执行中权责划分不清而导致效率低下。

为有效加强对互联网地理信息数据安全的监管，县级以上的人民政府地理信息测绘行政主管部门应与其他相关部门共同展开合作。《中华人民共和国地图编制出版管理条例》第十八条规定：“出版或者展示未出版的全国性和地方性专题地图的，在地图印刷或者展示前，其试制样图的专业内容应当分别报国务院有关行政主管部门或者省、自治区、直辖市人民政府有关行政主管部门审核。”《国家测绘局关于进一步加强涉密测绘成果行政审批与使用管理工作的通知》规定：“各级测绘行政主管部门必须严格执行涉密测绘成果提供使用审批制度，依法履行行政审批职能。”但有关行政主管部门具体有哪些，它们的权限是怎样划分的，并没有很明确的规定。

表 3—10　若干网络地理信息政策关于“公开行为审批权责”的规定

相关法律法规	是否明确审批主体	审批权责是否划分明晰
《中华人民共和国测绘法》	是	否
《中华人民共和国地图编制出版管理条例》	是	否
《地图审核管理规定》	是	否
《中华人民共和国计算机信息网络国际联网管理暂行规定》	否	否
《关于加强涉密测绘地理信息安全管理的通知》	否	否
《地图管理条例》	是	否
《关于互联网规范使用地图的通知》	是	否
《关于加强实景地图审核的通知》	是	否

第三，网络地理信息公开行为保密缺乏明确审查标准，审查对象缺乏全面性。我国近年来一直重视对网络地理信息公开行为内容审查相关法律法规的制度建设，并针对网络地理信息内容审查出台了一系列相关的规定。但是，仍然存在以下几方面问题：一是审查对象的范围过于狭窄（如只针对互联网地图的审查），以及《地图审核管理规定》、《公开地图内容表示补充规定（试行）》、《关于加强互联网地图管理工作的通知》、《重要地理信息数据审核公布管理规定》等都属于地理信息主管部门制定的一般性规范文件。二是针对保密审查的内容比较模糊、可操作性不强，如《地图管理条例》第三十六条规定：“互联网地图服务单位用于提供服务的地图数据库及其他数据库不得存储、记录含有按照国家有关规定在地图上不得表示的内容”，但须审查的内容是什么，却不够明确，不利于审查的可操作性；《地图审核管理规定》第十二条规定：“测绘行政主管部门对地图内容的审查是保密进行的”，但审查的标准并没有明确界定；再如，《重要地理信息数据审核公布管理规定》第九条规定：“国务院测绘行政主管部门应当审核重要地理信息数据是否符合国家利益，是否影响国家安全”，但影响国家安全的标准什么并没有明确说明；又如，《关于加强互联网地图管理工作的通知》规定：“互联网地图服务单位的地图安全审校人员应

认真对用户上传标注的兴趣点和其他新增兴趣点进行审查"，但是，什么是兴趣点却没有界定。三是缺乏网络地理信息内容审查的程序规定。《地图管理条例》、《基础地理信息公开表示内容的规定（试行）》、《关于互联网规范使用地图的通知》、《关于加强实景地图审核的通知》等涉及网络地理信息内容审查的相关政策都在程序上存在一定的不足。

此外，许多地方网络地理信息和军事地理信息相互交叉。有些项目在不同行政区域、不同实际运行单位、地方与军队、中央与地方之间有不同的审批标准。如军方认为需要进行高标准审批审查的一些项目，如地形地貌的电子地图，地方尤其是网络企业，认为已无需进行高标准的审查审批，完全可以将审批权力下放给下一级单位或团体。这就造成了审查审批同一项目或同一级别的网络地理信息产品无法统一的局面，给相关政策的制定、落实和执行造成了巨大的阻碍。

表 3—11 若干网络地理信息政策关于"公开行为保密审查标准"的规定

相关法律法规	是否有具体的审查标准	审查标准是否划分明细
《地图管理条例》	是	否
《中华人民共和国测绘法》	是	否
《关于互联网规范使用地图的通知》	是	否
《地图审核管理规定》	否	否
《中华人民共和国地图审核管理规定》	否	否
《关于加强实景地图审核的通知》	是	否
《重要地理信息数据审核公布管理规定》	否	否
《关于加强互联网地图管理工作的通知》	否	否
《公开地图内容表示补充规定（试行）》	有	是（但只针对互联网地图）
《中华人民共和国计算机信息网络国际联网管理暂行规定》	否	否

第四，网络地理信息的公开行为问责机制不健全。尽管在对地理信息公开行为审批问责的规定中有宏观上的要求，但标准却不够具体和统

一，从而导致网络地理信息问责制在具体执行上有很大难度，问责难成为常态。现有的问责制度有以下几方面的问题：一是问责基准的不明确，如《地图管理条例》第四十七条规定，县级以上人民政府及其有关部门违反本条例规定，有下列行为之一的，由主管机关或者监察机关责令改正；情节严重的，对直接负责的主管人员和其他直接责任人员依法给予处分。《地图审核管理规定》第二十七条规定，情节严重的，对直接负责的主管人员和其他直接责任人员依法给予行政处分。但是，对情节严重的定义标准是模糊的，也导致了该规定形同虚设。二是责任划分的不明确，如《中华人民共和国测绘法》第五十三条规定，对违反本法规定，县级以上人民政府测绘行政主管部门工作人员利用职务之便收受他人财物、其他的好处或玩忽职守，对不具备法定资质的单位核发测绘资质证书，不依法履行监管职责，或者是发现违法行为不予查处，造成严重后果，构成犯罪的，将依法追究其刑事责任；尚不够刑事处罚的，对负有直接责任的主管人员及其他直接责任人员，将依法给予行政处分。但在给予何种行政处分以及具体责任的划分上，都没有具体可依据的标准，一些机关、单位借口无据可依，处理时往往避重就轻。三是问责主体设置不科学。在现行政策法律中，问责主体主要包括保密局、地理信息局，属于同体问责，这种设计常常导致问责主体不愿进行问责，原因在于泄密案件查处的敏感性，如实施严格的问责可能对问责主体本身政绩产生不利影响。

表 3—12　若干网络地理信息政策关于“公开行为问责”的规定

相关法律法规	是否具有关于公开行为的问责规定	相关问责规定是否具有统一的标准和明细的规定
《中华人民共和国测绘法》	是	是
《中华人民共和国测绘成果管理条例》	是	是
《地图审核管理规定》	是	否
《关于加强互联网地图管理工作的通知》	是	否

《重要地理信息数据审核公布管理规定》	是	否
《关于加强涉密测绘地理信息安全管理的通知》	否	否
《关于加强网上地图管理的通知》	否	否
《基础地理信息公开表示内容的规定（试行）》	否	否
《互联网地图审查要求》	否	否
《地图管理条例》	是	否
《关于互联网规范使用地图的通知》	是	否
《关于加强实景地图审核的通知》	是	否

（五）网络地理信息泄密预警与应急政策

网络的发展是把双刃剑，在给人们带来便利的同时也会造成一些麻烦的社会问题。如果一些粗心大意或别有用心的地理信息服务主体在互联网上违法公开地理信息，将对地理信息安全乃至国家安全带来严重的威胁。这就需要我们建立健全网络地理信息泄密预警与应急政策。但是，在现有的地理信息政策法规中，地理信息泄密预警与应急相关政策几乎处于空白。主要体现在：

第一，网络监管主体及相应权责划分不明确、科学。目前网络地理信息方面，在网络监管主体及其相应权责划分方面不够明确、科学，主要是各类具体性的网络地理信息的文件中并未明确界定网络地理信息监管主体，这样就导致了相应权责的无法明确划分。

表 3—13　若干网络地理信息政策关于“网络监管主体及权责”的规定

相关法律法规	是否明确网络监管主体	权责划分是否明确
《中华人民共和国测绘法》	是（主要涉及测绘方面）	否
《中华人民共和国基础测绘条例》	是（主要涉及测绘方面）	否
《关于加强国家版图意识宣传教育和地图市场监管的意见》	否	
《关于加强涉密测绘地理信息安全管理的通知》	是	否

《国家测绘地理信息局机关网络信息系统安全管理暂行规定（试行）》	否	
《互联网地图服务专业标准》	是	否
《互联网地图审查要求》	否	
《中华人民共和国计算机信息网络国际联网管理暂行规定》	是	否
《地图管理条例》	是	否
《关于加强实景地图审核的通知》	是	否

第二，缺乏网络地理信息日常监控机制。实施对网络地理信息的日常监控是保障网络地理信息安全的重要手段。近些年，我国制定了《互联网信息服务管理办法》、《互联网出版管理暂行规定》、《互联网安全保护技术措施规定》、《计算机信息网络国际联网保密管理规定》、《互联网站从事登载新闻业务管理暂行规定》、《即时通信工具公众信息服务发展管理暂行规定》等诸多政策法规，为信息安全的常态监控奠定了制度基础，但是，这些政策主要是针对新闻出版、公众信息等作出的，专门针对互联网地理信息的监控政策还处于空白。主要体现在：一是没有界定谁应对网络地理信息监控负责；二是尚未建立涉密网络地理信息涉密关键词数据库，导致涉密信息智能搜索和甄别技术的运用受阻；三是尚未建立常态化的网页内容管理机制；四是尚未建立发布地理信息的网站的信用等级监管制度；五是对涉密人员的个人网络行为缺乏严格管控措施；六是缺乏对网络运营商及服务商在有关于地理信息网站内容的监督报告义务的界定，尽管修改后的保密法有提出相应的监管报告义务，但网络地理信息保密工作的专业性、复杂性及针对性，使保密监督工作难度大大增加。

第三，网络地理信息泄密隐患危害评估体系缺失。网络地理信息安全风险评价指标体系是及时启动预警与应急机制的前提。网络地理信息的风险主要体现在人员风险、物理环境风险、信息的完整性风险、系统风险、通信操作风险、网络基础设施风险、信息的涉密性风险等方面，但是，这些方面如何进行评价、如何设置权重等，都缺乏政策进行明确，导致无法对网络地理信息的安全进行科学评估。

第四，尚未建立网络地理信息泄密突发事件分级应急机制。虽然这些年我国对应急机制的建设高度重视，制定了《突发事件应急预案管理办法》、《国务院有关部门和单位制定和修订突发公共事件应急预案框架指南》、《突发公共卫生事件应急条例》、《重大动物疫情应急条例》等有关应急的政策法规，但是，目前我国还尚未制定涉及网络地理信息泄密突发事件的应急预案。

（六）网络地理信息知识产权保护政策

对网络地理信息的知识产权保护，即指以国内法律与国际条约为主要依据，推动知识产权的充分运用，激励创造出智力成果的权利人，以法律和行政手段减少知识产权对贸易的阻碍。网络地理信息知识产权保护通过运用各种版权保护政策和技术，禁止非授权人非法获取独创性地理信息知识，从而达到保障网络地理信息安全的作用。近些年来，我国已制定了《基础测绘成果提供使用管理暂行办法》、《遥感影像公开使用管理规定（试行）》、《国家测绘局关于进一步加强涉密测绘成果行政审批与使用管理工作的通知》、《关于进一步加强涉密测绘成果管理工作的通知》、《国家测绘局关于加强涉密测绘成果管理工作的通知》、《关于加强互联网地图管理工作的通知》等一系列有关地理信息知识产权保护的政策法规，为保护网络地理信息知识产权提供了基本的政策依据。但同时，我国对网络地理信息知识产权的保护刚刚起步，仍然存在侵权盗版及其他不容忽视的问题。

第一，对网络地理信息产权保护的专门政策规定还处于空白。一直以来，主管部门关注的主要对象是地图的著作权，网络地理信息应用服务的快速发展也带动了网络地理信息知识产权范围的扩展，包括专利、商标、著作权、地理标志、外观设计、商业秘密、域名等；但这仅限于著作权方面的知识产权政策规定，关于网络地理信息其余的知识产权的保护主体、对象、特征、范围、保护原则和方法等则缺乏清晰的认知，这也造成了测绘地理信息主管部门进行知识产权政策建设的滞后。

第二，政策规定过于笼统，知识产权保护事项不明晰。目前，我国还没有专门规范网络地理信息知识产权的专项政策，其相关政策规定主要存在于《互联网著作权行政保护办法》及测绘地理信息知识产权的法律规定中。但这些政策规定侧重于原则，可操作性不强。如，《中华人民共和国测绘成果管理条例》第二十条规定："测绘成果涉及著作权保护和管理的，依照有关法律、行政法规的规定执行。"《中华人民共和国地图编制出版管理条例》第二十二条和第二十七条规定："地图的著作权受法律保护。未经地图著作权人许可，任何单位和个人不得以复制、发行、改编、翻译、编辑等方式使用其地图；但是，著作权法律、行政法规另有规定的除外"。《国家基础地理信息数据使用许可管理规定》第八条规定："国家基础地理信息数据是具有知识产权的智力成果，受国家知识产权法律法规的保护。获得国家基础地理信息数据的使用部门、单位和个人，未经提供单位许可，不得以任何方式向第三方提供或者转让。"国务院法制办制定的《中华人民共和国地图管理条例（征求意见稿）》第二十九条规定："地图著作权的保护，依照有关著作权法律、行政法规的规定执行。"《关于加强互联网地图管理工作的通知》第十一条规定："在互联网上登载、复制、发送、转发、引用、嵌入互联网地图，必须在相应页面显著位置标明地图审图号和著作权信息，并应经互联网地图著作权人的同意。任何单位或个人不得复制、链接、发送、转发、引用、嵌入未经依法审核批准的互联网地图。"《地图审核程序规定》规定："提交编制地图所用底图与资料的说明；著作权不属于申请人的，需提交著作权人许可的相关证明材料。"这些政策法规虽强调了保护地理信息产权的重要性，但缺乏对网络地理信息产权保护的有针对性规定，而且对于"要保护什么事项"、"怎样保护"这两个关键问题界定含糊不清，致使网络地理信息产权保护常常成为空话。

表 3—14 若干网络地理信息政策关于版权保护的初步梳理

相关法律法规	是否具有明确的版权保护的相关条文	是否涉及网络地理信息版权保护
《中华人民共和国测绘法》	是	否
《中华人民共和国基础测绘条例》	否	
《中华人民共和国地图编制出版管理条例》	是	否
《中华人民共和国测绘成果管理条例》	是	否
《重要地理信息数据审核公布管理规定》	否	
《遥感影像公开使用管理规定》	是	否

第三，网络地理信息版权保护管理机构界定缺失。从现有的政策法规来看，几乎没有涉及地理信息产权纠纷特别是网络地理地理信息产权问题由哪一主体来监管的问题。例如，《中华人民共和国测绘成果管理条例》第二十条规定，测绘成果如果涉及著作权保护和管理，则依据有关法律与行政法规的规定执行。《中华人民共和国地图编制出版管理条例》规定了“侵犯地图著作权的，依照著作权法律、行政法规的规定处理”，但对于由谁来处理并没有明确界定。

第四，缺乏有效的网络地理信息知识产权侵权行为的处罚机制。目前我国普遍存在网络地理信息版权遭受不同程度的侵犯的问题，尚未建立完善的惩处与追责机制。例如，《中华人民共和国地图编制出版管理条例》第二十七条规定：“侵犯地图著作权的，依照著作权法律、行政法规的规定处理。”这条政策虽规定了地图版权被侵犯时要接受处理，但怎样处罚却没有细则，直接导致处罚难以操作。而且，由于知识产权侵权行为民事赔偿和行政处罚力度不够且存在举证过程困难、刑事诉讼周期长以及法定侵权赔偿额过低等问题，导致知识产权权利人不愿费时费力地通过司法程序解决问题，因此常常不了了之。比如在网络地理信息行业，尤其是网络地图相关产品，权利人在通过司法程序维权时通常要花费数年的时间打赢官司，但网络地图的更新日新万变，终审结束时的地图可能早就不再出版，判决得到的赔偿额很可能不够诉讼费用，这就给权利人的司法诉讼带来很大的成本问题。

表 3—15 若干网络地理信息政策关于“知识产权侵权行为惩处”的规定

相关政策法规	是否具有版权被侵犯的处理规定	处理规定是否细化
《中华人民共和国测绘法》	是	否
《中华人民共和国地图编制出版管理条例》	是	否
《中华人民共和国测绘成果管理条例》	是	否
《关于加强国家版图意识宣传教育和地图市场监管的意见》	是	否
《关于导航电子地图管理有关规定的通知》	是	否

（七）网络地理信息安全的组织管理政策

有关我国网络地理信息安全的政策和法律环节非常之多，其中一个至关重要的环节就是关于地理信息的组织管理体制。通过对《中华人民共和国测绘法》、《中华人民共和国保密法》、《计算机信息网络国际联网安全保护管理办法》、《关于加强涉密测绘地理信息安全管理的通知》、《测绘管理工作国家秘密范围的规定》、《中华人民共和国测绘成果管理条例》、《加强互联网地图管理工作的通知》等政策法规的研究，我们发现，我国网络地理信息安全的组织管理体系尚存在如下主要问题。

第一，主管机关数量众多，各自管理。目前我国主管网络地理信息安全的行政机关是国家测绘地理信息局，但是，涉及信息安全由工业与信息化部管辖，涉及泄密问题由国家保密局主管，而由于泄密造成危害国家安全的，则由国家安全部、公安部管辖；同时还由交通、水利、住建等部门各自管理相应的地理数据，在平时工作中，这些部门仅仅是对自己部门负责的地理数据进行勘测，数据在各部门间互不相通。这种多头管理的状况，常常导致有利大家争，有困难各自闪，形成现实中诸多网络地理信息安全问题无人负责，并且可能造成地理信息数据管理的混乱，加大了地理信息数据的泄密风险。其次，不仅仅部门之间缺乏互动机制，各省的测绘地理信息部门之间的联动机制也不健全，甚至会出现同一省份对同一对象的不同管理标准。再次，军方与地方政府间的职能也不对等，军方测绘部门负责管理的是全军的网络地理信息安全，国家测绘部门负责的是全国的网络地理信息安全，理论上前者须接受后者在业务上的指导，但现实的情况是，军事信息具有保密性，同时要求更高的标准，这就导致后者往往采用前者的标准。比如，我国在地图与地形图上设置不同密级，以及在公开某一比例尺地图问题上也遵循军方要求，尽管这一措施能够在现实上进行更好的管理，不过在行政逻辑上却是说不通的。

第二，执法主体不明确，执法体制尚未健全。目前，针对食品安全、道路交通安全、生产安全等领域的安全问题，均成立了相关的行政部门，并设立了相关执法部门，形成了一个较为完整的安全执法管理体系。作为国家安全体系重要组成部分的网络地理信息安全问题却缺乏相应的专业机构，而网络地理信息安全的泄露将给国家安全带来严重的损失，专业执行机构的缺失也给安全问题的处理带来了滞后性，只能依赖之后的公安和国家安全机关调查和保护。但是，我国测绘地理信息部门作为行政机关，只有安全监管职能，不具备执法职能，无法对地理信息管理行业实施有效执法权。例如，根据《关于加强互联网地图和地理信息服务网站监管的意见》第三条“进一步加强对互联网地图和地理信息服务网站的监管”的规定中，如发生泄密问题，测绘行政主管部门采取相关措施，防止涉密地图、高精度地标以及其他重要地形数据等经由网络平台扩散；保密部门要进一步加强对网络地图和地理信息安全工作的管理，与相关部门展开合作查处对国家安全造成威胁的违法泄密活动；通信管理部门也需要联合其他有关部门加强对网络地图以及地理信息服务网站的监管。那么，测绘行政主管部门拥有什么执法权？保密部门应会同哪些部门进行执法？通信管理部门拥有哪些执法权？等等，都不甚明确。

表 3—16　若干网络地理信息政策关于“管理主体及其权责”的规定

相关法律法规	是否具有相关权责规定	是否具有不同部门配合之间的具体权责划分	所划分权责是否具体明细
《中华人民共和国保密法》	是	否	否
《中华人民共和国计算机信息系统安全保护条例》	是	否	否
《关于加强互联网地图和地理信息服务网站监管的意见》	是	是	否
《加强互联网地图管理工作的通知》	是	是	否
《地图审核管理规定》	否	否	否
《关于加强网上地图管理的通知》	否	否	否

第三，在国家层面缺乏一个统一的协调机构。尽管国家测绘地理信息局作为一个对网络地理信息行业进行管理的行政主管部门，但在实际中缺乏类似行政主体管理工作上具有的权威性与统一性。遵照我国政府管理中的模式，对一项涉及到多个高级行政单位的具有重要意义的行政事务，往往由国务院成立相应的统一机构负责协调和管理，例如，国家食品安全委员会等，但在网络地理信息安全领域却缺乏相应的机构对工作进行有力的指导与协调。

第四，缺乏明确的网络网络地理信息行政问责制度。目前我国针对网络地理信息行业中存在的泄密问题的处理，往往是依照《中华人民共和国保密法》、《中华人民共和国刑法》等法律规定对负责的相关人员作出处罚，在日常行政管理工作中缺乏对相关行政机构及负责人员的问责制度与规定。行政问责制度对保证实际工作的有效运作起到不可或缺的作用，使实际工作不流于形式，保证执行效果。

第四章
国外网络地理信息安全政策的基本做法与经验启示

在当今的信息时代里，不断发生的网络地理信息安全事件给各个国家的安全带来了严重挑战。因此，各个国家国开始关注网络地理信息安全的相关问题，并且还针对各自的网络地理信息安全进行了强有力的、科学的政策干预，为当下中国保障网络地理信息安全提供了有益启示，其中美国、俄罗斯、印度、日本具有比较典型的意义。该章通过选取关典型国家的网络地理信息安全的相关政策经验和方法，列举国外的那些典型的网络信息地理安全政策里面出现的一些相似的特点和优势之处，对我国的网络地理信息安全监管政策建设具有参考与借鉴意义。

一、美国网络地理信息安全政策创建的基本模式

美国是最先发展互联网技术的，所以它的网络和信息化程度也是较早开始的。多年来，网络信息安全一直都是美国的重点保护对象，除了地理信息之外，联邦政府还创建了一个包含庞大的系统工程来维护网络信息安全。它的内容触及面很多，除了涵盖高科技的一些保障之外，还有一些与它相联系的策略方法、机构组织、人才的塑造和法律建设以及国家之间的合作保障等等。

美国政府认识到地理信息安全的重要性并开始着手建设网络信息安全

保障体系工程，到如今美国已经建成比较完备的国家网络信息安全系统，在美国网络地理信息安全建设的发展时期，美国地理信息安全监管策略不断地调整，具体来说，可以分为五个主要的演化阶段。

第一，地理信息安全监管的初始时期。标志着联邦政府明白了国家的安全和特定类别信息交流之间存在的复杂现象，同时表明联邦政府对信息安全思想的重视渐渐凸显。1966年出台的《信息自由法》，表明公民有权获得联邦政府行政信息的权利以及行政部门传递相关情报的义务。《信息自由法》对个人以及机构组织能够取得政府文件资料和免费获取“九种”联邦政府信息划清了界限并清晰地表示了在美国政府信息中能够公示以及豁免公示的部分。在这个法案里，专门有一项讲地球的物理信息和油井的一些状况，这些内容都对维护地理信息安全具有十分重复的价值。出台《国家安全法》和《信息自由法》这两部法案的时期，被认为是美国地理信息安全政策的初始时期。

第二，隐秘和稳定发展的地理信息安全监管时期。在罗纳德·威尔逊·里根与乔治·赫伯特·沃克·布什执政时期，联邦政府采取保护地理信息的隐私和安全性为重大方针。1987年，国会颁布了《计算机安全保密法案》，用来解决美国政府在互联网使用过程中出现的一些不安全与泄密状况。并且这个法案还针对敏感信息提出了合理的解释，认为是因为遗失、不切当使用、没有通过授权人的允许而形成了不利于国家、政府的利益或者危害到个人的隐私权利（包含了重大的国家地理空间信息）。这一法案的出现也表明了联邦政府开始重视互联网的一些弊病，例如容易被侵入、系统脆弱等一些问题，也是逐步进入较为稳定发展的一段时期。

第三，发展和深化的地理信息安全监管时期。在比尔·克林顿执政期间，美国的地理信息安全维护是一个不断发展、深化的时期，那些从属于这项安全的相关政策都偏向于保护其信息的可用性、可控性和隐私以及完整性。

在1993年期间，美国联邦颁布了《国家信息基础结构：行动纲领》，这个纲领里谈到了关于网络信息安全的一些信息。五年后，联邦政府出台了《保护美国关键基础设施》，认为应该制定措施来解决网络上的攻击以及一些重要基础设施出现的一些明显漏洞。又过了两年，美国政府再次颁布了一项计划，即《信息系统保护国家计划》，提出要使网络信息安全真正成为国家安全战略的重要板块。这项计划是为处理公共与私人部门间的一些突发性的泄密事件、信息之间的共享和相关的人才培育制定了一系列的准则。联邦政府为了达成这一目标，还设立了相关的部门，即国家基础设施保护中心、重要基础设施保护办公室这些关键信息系统防御部门。

第四，强调掌握为主的地理信息安全监管时期。美国信息安全政策是有一个界线划分的，在“9·11”恐怖袭击事件没有发生之前，政府和普通公民都觉得国家信息安全面临的主要威胁是针对与电脑的一些系统、地理信息系统以及软件等密切关联的重要基础设施。但事件发生后，政府开始意识到恐怖分子是利用了先进的网络来搜集重要的地理信息从而开展跨国行动，而不单纯是攻击互联网的系统。此次事件发生之后，联邦政府开始重视对信息安全相关的监控和投入，增强了政府与各企业之间的研究合作以及各个学科领域的研究合作。

在2001年，美国政府出台了不断加强对信息基础设施安全保障的规定。2003年2月，美国政府又颁布了一项关于网络信息日常运行的战略，即《国家网络安全战略》，以此保证避免涉密地理信息等相关的网络信息被恶意使用，促进国家与社会的安全稳定。

第五，重视隐私与公开的地理信息安全监管时期。当下，美国遭受着越来越多的网络地理信息安全的问题。黑客试图监管理员的信息来获得涉密地理信息。一些不法分子故意闯入地理信息系统内部来破坏资料以及重要数据，对相关机构的日常工作系统造成了巨大伤害。

2009年5月，联邦政府出台了《网络空间安全政策评估》。这份报告评估并研讨了如今政府和军队应该如何去防御网络地理信息安全的相关问题。2010年2月，美国通过了《加强网络安全法案》，这个法案的提出旨在建立一个可靠的网络安全维稳的团队。首先，培养相关的安全管理人员。其次，加强整个社会的安全教育问题，从而提高公民对网络安全的认知与了解。最后，大力关注在网络安全方面的学习与探讨、参与国际网络安全技术标准等的制定。同年10月，美国颁布了《减少过度保密法》，这条法则的颁布大大加强了国家安全信息的保密制度，改善了隐私与公开两者间的平衡。

面对传统和现代因素对地理信息安全带来的巨大挑战，美国在网络地理信息安全监管方面取得了巨大成就。通过分析美国网络地理信息安全建设的成功及其具体操作方式，对我国网络地理信息安全的治理具有重要的借鉴与学习意义。

第一，高度重视网络地理信息安全政策建设。整体而言，美国在网络地理信息安全监管方面的规章制度比较健全。“9·11事件”后，美国连续出台了联邦互联网关键基础设施保护指南——12231号总统行政命令《信息时代的关键基础设施保护》和《网络安全国家战略》，这两部法案不但可用于普通的网络信息安全保护，同时也为网络地理信息安全保护的实现提供指导意见、具体途径和方法。

1995年9月，《知识产权和国家信息基础设施》由克林顿政府负责知识产权的信息基础设施工作机构（ITIF）的工作组正式发布。这说明了随着信息时代的到来，美国对知识产权的保护愈加重视，同时也在信息互联网上，保护了权利人的商业预期和合法权利。此外，美国针还对如今越演越烈的网络知识产权侵权系列事件，颁布了《防止数字化侵权及强化版权补偿法》、《美国千禧年数字版权法》、《版权法》、《版权保护期限延长法》等。在《千禧年数字版权法》中，有一条法律这样规定：严禁任何人对著作权的管理信息进行删除或者修改，散播或因散布而引入并未通过著作人授权申请的信息。严禁出现损害重制作品里的技术保护亦或能够获得作品的渠道的一系列不正当行为。这个法律的主要内容是在网络环境与数字科技下，对互联网上的产品（涵盖基础地理信息作品）的一系列程序进行了相关界定和行为规定。从治理网络地理信息安全的层面来说，网络信息安全的保护与不断进步都离不开《美国千禧年数字版权法》的颁布。

第二，完善有序、协同合作的网络地理信息安全模式。如今，美国还没有设立专门治理网络地理信安全以及监管的部门，但为了保证其治理，它设立了一个日常协调机构，它的相关委员会、办公室和各级政府机构共同负责并承担其相关的工作。例如，美国联邦地理信息委员会是美国在地理信息领域的重要机构，该部门管理相关的生产和分配，以及与之相关的组织机构，并且能够测评地理信息的安全性。美国监察办公室主要管理信息的隐私方面，同时也调和各行各业的信息隐私安全问题，2001 年 10 月，国土安全办公室经联邦政府的同意成立了。不久之后，为了进一步管理好信息隐私安全，又设立了相关的国土安全部。在这之下，联邦政府又设立了基础设施保护分支机构，履行国家互联网安全保护的职责。其另外下设的国家互联网安全中心，是负责与其相关的具体工作，并且疏通各部门之间的信息联系，以此来增进工作的实施力度。2011 年 1 月 7 日，联邦政府为了促进互联网络更快更好地实施，还设立了网络安全执行办公室。它由

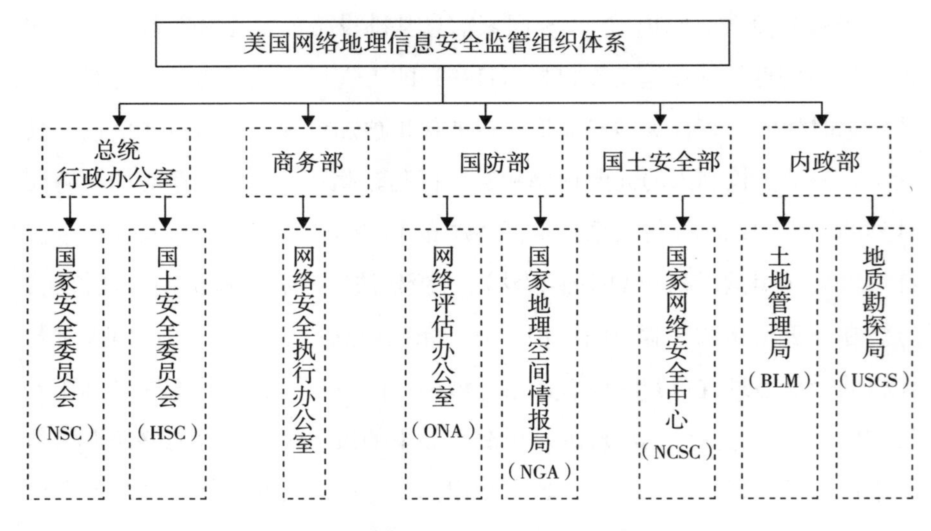

图 4—1　美国网络地理信息安全监管组织体系构成图

商务部管理，是为了和民间有更多的联系，从而更好地营造出一个让人安心的互联网环境。①

在与地理信息资源的生产者、组织以及与其相关的组织机构的合作监管上，联邦政府也是非常支持的。在这一块，美国与之相关的科研教育机构就在美国得到了很好的发展。并且每年，美国国会都将给国家自然科学基金（NSF）与国家标准技术研究院（NIST）发放大量资金，来开展针对互联网相关事务的探讨。此外，联邦政府设立了与之紧密联系的计划，采纳了多方的研究成果，从而增强政府在这一块的能力。“9・11”恐怖袭击发生后，内政部地质调查局（USGS）与国家地理空间情报局（NGA）将评测美国机构的那些公开性较多的地理空间信息被攻击的概率交给了兰德公司。同时，他们还寻求降低信息危险度的方法。OGC 为了能够更好地维护地理数据的安全问题还特意设立了地理空间数据权限管理工作组。该组织还为其提供了相关的模型。安全 DW 论坛的成立，也是为了更好地探究获得管控、官方授权和通信安全等方面。

因此，联邦政府通过不断地改善与提升，来营造一种安全、和谐的互联网信息安全体系，在总统的统一领导下，进行各项信息安全维护和互联网的相关工作。美国着手于信息安全、相关调和机构和网络的行政部门的重点集中在：总统行政部门、国土安全部、司法部、国务院、国防部、商务部、审计总署、联邦通信委员会等。② 这样有利于塑造一个系统、协调的组织结构。

第三，致力于网络访问机制间的协调。“完全与开放”和“适度开放”是美国互联网信息共享的重要原则。那么对于“完全与开放”的定义指的是不妨碍国家安全、不牵扯到私人问题的运营模式。这一政策是面向所有公民的，且带有公益性。很多营利性企业也可以免费使用这些公开的资

---

① 融燕：《中美信息安全教育与培训比较研究》，《北京电子科技学院学报》2009 年第 1 期。

② 张国良、王振波：《美国网络和信息安全组织体系透视》，《信息安全与通信保密》2014 年第 3 期。

源。在地理信息一站式服务网站（http//gos2.geodata.Gov/）上，联邦地理数据共享政策规定公民可以随意使用和了解这些数据，以及数据里面包含的 1:24000 万以及更小比例尺系列地图、DRG7.5M、DOG、DLG7.5M、卫星影像图、DTM 等。

同时，美国政府对商业系统采用控制运行的方法，来限定某些数据等收集和产品的分发，例如最新的遥感数据、最高分辨率和产品仅限供给美国政府或美国政府批准的用户。“9·11”事件之后，美国政府不断完善其网络地理信息限制保护政策。大量地理信息从政府网站上删除；交通部管道安全局不再开放“国家管道制图系统”；国家影像与测绘局网站也不再提供大比例尺地图的购买渠道与下载方式；地质测量局还试图要抹去各种类型的水资源信息及其复制品。

第四，高度重视网络地理信息分级分类管理。“9·11”事件之后，美国关于网络地理信息产品的获取、发布、使用渐渐从公开转向保护，甚至趋向于保守。2013 年 5 月 13 日，美国出台了《NIMA“限制分发”的影像或地理信息及数据》，这一指令中表明：无论是 NIMA 生产亦或是衍生都应当是的限量发放。在之后一年，联邦地理数据委员会出台了《关于正确设置地理空间数据访问方法中的安全问题的指导办法》，这里面表述了如何发现敏感内容的方式，并且塑造了一种能够确认过程的决策树，这对地理空间数据访问方法以及敏感的信息内容的保护都极其有用。

第五，高度重视网络地理信息分级分类管理。作为国家重要的资源，地理信息在国家的各个方面含金量都非常之高。许多的信息资源都是国家的机密，与国家的安全、局势的维稳和关键利益息息相关。美国政府地理信息委员会专门定制了一套系统的评估模式，来保证地理信息在传播过程中的安全问题。首先，了解什么是敏感地理信息。它通常有以下几种：一是通过数字化信息进行精准定位的特殊方式，在提供精确定位的同时，还能够发现对敌方发动精确攻击的战略性内部信息。二是以一系列的数据去主动发现比较脆弱的隐性目标。其次，辨别其是否需要保护。拥有唯一、独特性这两个特征才能够成为具有安全保护价值的敏感地理信息。最后，进行一定保护的方式。存在安全问题的地理信息通常来说都是可以以转换或者限制数据的方法来得到保障。

在“9・11”事件之后，美国吸取教训，开始不断加强对互联网地理信息的保护，非常严格地控制地理信息在互联网上的传播与蔓延，很多相关的信息都被删除。比如，交通部管道安全局不再对外开放国家管道制图系统；国家影像与测绘局网站也不再提供大比例尺地图的购买渠道与下载方式；地质测量局还试图要抹去各种类型的水资源信息及其复制品；2013年5月13日，美国出台了《NIMA“限制分发”的影像或地理信息及数据》，这一指令中表明：无论是NIMA生产亦或是衍生都应当是限量发放。不仅如此，美国政府还对网络信息进行了每一层级的密级设定。在2009年12月，美国政府出台了《国家安全信息分级》，这意味着美国正式出台了政府的保密政策。2010年8月，《关于州、地区、部落和私人部门实体的国家安全信息分类计划》（第13549号总统行政命令）这一文件的出台突出了打造国家信息保密等级分类制度。2011年10月，美国政府再次出台了《促进涉密网络安全及涉密信息责任共享和保护的结构改革》，这一法令的颁布用于不断加强那些涉密信息的“有承担性的分享和保障”。

二、日本网络地理信息安全政策的基本做法

随着科技的高速发展和互联网GIS技术的不断使用，全球已经渐渐变成了一个“地球村”，在这个“村”里充满了机遇的同时，也存在着许多信息安全问题。地理信息不断出现安全隐患，也给各国的自身利益带来了非常严重的危害。因此，在日本，地理信息安全监管家具有重要地位，作为政府IT空间基础设施的重要组成部分之一，它被上升到了国家战略高度。日本网络地理信息建设与美国在安全监管政策上的演化有着较为相似的地方，它的政策也同样经历了几个主要的发展阶段。

2000 年，日本开始推行“日本 e-Japan 战略”，2003 年 5 月，日本政府明确提出并制定了“日本信息安全综合战略”，不断形成了以政府为中心、社会积极加入以及多方国家间相互合作的三方合作模式。这种模式的创新和不断发展为日本的各个方面都提供了一种可持续发展的氛围，从而令日本的这种处理模式名列前茅。之后，经过不断发展，主要经历了战略确立、发展、攻坚和全面深化四个阶段。

第一，网络地理信息安全的战略确立阶段。2000 年前后日本“中央省厅主页连续篡改事件”的发生，促使政府开展互联网的地理信息安全管理。日本身处全球科技强国的前列，非常清晰地认识到信息技术的发展对国家是多么重要。为了加快推动“IT 立国”的达成，日本在 2000 年率先颁布了一系列相关的法律条文来推动其法治化的开展。

同年，日本制定了“IT 基本战略”，颁布了《高度信息通讯网络社会形成基本法》（简称《IT 基本法》），于次年 1 月 6 日正式实施。这项法律表明，知识产权需要一定的制度改革才能得以更好地保护和使用，这样也才能更好地保证互联网的安全性、隐私性和可信赖性。这一系列措施的展开，也意味着日本一步一步迈入互联网地理信息安全的法治化进程。

在 2000 年初，关于电子签名和身份认证政策上，通产、邮政、法务三省向国会提出了“关于电子签名及鉴别业务的法案”（电子签名—鉴别法），2000 年 5 月这个法案得到了认可，2001 年 4 月开始实施。在这一法案中，规定认证机构发放电子证书的时候需要获得行政管理机构“特定认定业务”的批准才能够继续执行。如果认证机构在业务的进行过程中开展某些违法行为的话，就会对它进行现场调查和取消认可等处分。[①] 另外，对于使用虚假信息等不正当方式获取电子证书的人员，将处以三年以下刑事处分或 200 万日元以下的罚款。

如今出现了以黑客为主的愈发猖獗的严重网络犯罪，2000 年 2 月 13

---

① 张友春：《日本信息安全保障体系建设情况综述》，《信息安全与通信保密》2002 年第 6 期，第 57—60 页。

日，日本出台了《反黑客法》，该法重点是保护个人数据的安全与自由传送。这项法律中规定凡是私自使用他人身份或密码进行的网络活动都是违法犯罪行为，最高可处对10年监禁。2001年2月，政府颁布了《关于禁止不正当存取行为的法律》，目的在于加大对黑客的惩罚力度。

第二，打造“电子日本战略”的发展时期。自从电子立国的战略打造以后，日本“e-Japan战略”为主线、“信息安全保障是日本综合保障体系的核心”，创建一套全面的互联网信息安全策略，该结构包含了“信息安全监查”的事前预防制度、官民协作、多方合作与社会保密制度的安全监管模式。

2001年1月22日，日本电子战略总部进行了首次会议，开始实施“e-Japan”战略，即作为IT国家战略的“电子日本战略”。2001年3月29日制定的“电子日本重点计划”详细体现了该实施战略。这项计划确定了为塑造高强度的信息通信网络社会，政府应当加快各种战略实施的具体方针。

2003年10月，日本颁布了《日本信息安全总体战略》，意在告诉人们“信息安全监查”这一事前预防制度的重要性，力求打造一个事前防卫社会体系。并且，政府进行管理的同时，也强调打理好“官民协作、合作领域”和“完全的政府施策领域”，对预算资源和专业化人才进行合理有效配置。

2004年6月，政府颁布了“电子日本Ⅱ重点计划—2004”，当前日本率先需要解决如何保护IT社会安全的保密政策。

同年12月，《新防卫大纲》在日本内阁会议颁布，强调要不断增强信息技术的水平从而拥有顶尖技术来巩固防卫水平。

2005年，日本建立“电子日本Ⅱ”战略之后，依据相关部门的要求又颁布了《信息战略计划》。2006年1月，IT战略总部颁布了《IT新改革战略》，申明这一战略将作为之后四年关于信息建设的基本纲领。①

① 吴远：《动态治理——日本信息安全制度及密级划分制度的启示》，《办公室业务》2012年第4期，第49—50页。

2004年和2005年的这两部计划中，“国际和平合作活动”的概念是指自卫队的活动，重点是想要创建一个涉及中东到东亚的整以影像通信体系，目的是更加方便美日双方的信息共享。

第三，日本网络地理信息危机应对措施。针对网络地理信息中出现的各种威胁，日本采用最新的技术手段，利用先进通讯系统，能够通过卫星实现自卫队的海上图像传输。为了应对来自网络系统的黑客攻击，日本也在信息传递过程中加强安全管理工作，防止信息在传输过程中的泄密。

2006年日本自卫队出现了防卫史上的“最大泄密灾难”，来自最高级驱逐舰的情报泄露事件震惊了日本高层，为了防止此类事件的再次发生，日本在此之后颁布了一系列政策稳固局面。2006年日本颁布了《IT安全战略部署》和《互联网信息安全计划》，随后陆续颁布《信息安全战略》、《国民信息安全保护法》等文件。

第四，全面加强国际合作。2013年“棱镜门”事件给日本网络地理信息安全带来新的警示，为加强安全保护工作，日本进一步深化国际间网络信息安全合作。2013年之后，日本从县警察局到所有省厅逐渐发展起网络攻击对策小组，以应对各类网络信息安全事件。同时开展各类信息安全竞赛，进一步提升网络风险防御能力。随后，日本出台了《网络信息安全新战略》，目的是创建世界级的网络安全空间，并成立自主研究重点课题，提升自卫队应对网络攻击威胁能力。

日本随后与意大利、英国等签署了《网络信息保护协议》、《信息安全保护协议》等文件，同时与美国开展网络空间合作计划，进一步加强了网络地理信息安全的国际合作。2013年12月6日，日本特别颁布了《特定秘密保护法》，规定将以更为严厉的方式对泄露特定机密情报的国家公务员等相关人员进行处罚。属于特定机密范畴之内的内容有四种：“外交”、“防止安全威胁行动”、“反恐行动”、“防卫”。当然，这一法案的颁布并未被认可，因为许多人认为该法案举着严处泄露国家秘密行为的旗号，却又对秘密的概念没有做出清晰的定义，刻意使法案存在安全内容模糊不清的问题，政府私自把一些容易引起公民反对的特定信息界定为“秘密”，不让公民知晓，并借此达到政府左右民间意见的目的。

表 4—1　日本网络地理信息安全政策一览表

时间轴	具体政策	制定（颁布）部门
2000 年	《网络恐怖活动对策特别行动计划》	警察厅、邮政省、通产省
2000 年	《日本信息安全技术对策指针》	IT 战略总部及信息安全会议
2001 年	“e-Japan”战略 “e-Japan Ⅱ”战略	IT 战略总部 IT 战略总部
2003 年	《信息安全总体战略》	经济产业省
2004 年	《新防卫大纲》	日本内阁会议
2005 年	《信息战略计划》	防卫厅
2005 年	《重要基础设施的信息安全对策的相关行动计划》 《IT 新改革战略》	IT 战略总部
2006 年	《信息安全战略》	信息安全政策会议
2007 年	《信息安全保护协议》	信息安全政策会议
2009 年	《信息安全基本计划》	信息安全政策会议
2010 年	《保护国民信息安全部署计划》	信息安全政策会议
2013 年	《日本网络安全战略》	信息安全政策会议

三、俄罗斯网络地理信息安全政策进程

20 世纪 90 年代初，由于国际压力巨大，国内形势复杂，俄罗斯经济发展缓慢，网络信息化水平低。然而，随着经济不断复苏和政治的平和，信息产业也得到了越来越多的重视。与地理信息产业发展相随而来的是地理信息的安全威胁问题，特别是互联网的发展迫使政府把网络地理信息安全建设放在重要位置。因此，自 20 世纪 90 年代中期以来，俄罗斯通过对信息安全威胁的处理，加强了应对地理信息安全风险的抵御能力。

俄罗斯政府在面对国内外严峻形势的环境下，开始逐渐从最初忽视网络信息安全建设到重视网络信息发展并不断地调整相关的网络信息监管政

策，通过有计划地统筹规划，以期向着完善网络信息安全系统的目标来具体实施国家地理信息安全系统计划。俄罗斯网络地理信息安全监管模式主要经历了以下几个阶段。

第一，信息安全监管模式的萌芽阶段。20 世纪 90 年代苏联解体，俄罗斯面临着复杂且巨大的发展压力，这一时期国内经济发展缓慢，网络化起步水平较低，最明显的表现是电脑还没有普及，网络基础设施落后。这也就导致了俄罗斯在网络地理信息安全发展方面的滞后。地理信息安全问题大部分是传统类型的，即地理数据的私密性和完整性安全保护。这一时期的地理信息安全主要是传统地理安全保护方式，互联网使用程度不高，与此相对应的法律等也不完善。直到《信息安全法》与《国家信息秘密法》等相关法律条文的颁布，才开始网络地理信息安全保护的初步发展。

第二，限制思想的政策阶段。随着国内经济形势好转，地理信息产业也逐渐得到发展。地理信息发展也同时带来信息安全威胁问题。一方面，网络发展降低了人们获取地理信息的难度，极大满足了人们的日常需要。另一方面，这种网络的快速发展带来许多新的威胁，比如，地理信息位置的泄露，数据的泄密与非法使用，黑客的网络入侵等等。总而言之，由于网络的开放性以及强共享性，地理信息安全的内涵扩大，不仅指地理数据自身的安全，而且还涉及网络软、硬件的安全。网络载体上，地理信息安全领域存在的这些新问题倒逼俄政府开始重视网络地理信息安全的建设。于是，这五年内，俄罗斯时常以信息安全危机自省，出台并完善了一系列信息安全法律。这一时期，俄罗斯网络地理信息安全监管体现了“限制为主”的思想。

第三，监管与开放政策并存阶段。经过十多年的稳定发展，俄罗斯取得了较好的发展成果，地理信息产业进一步发展，网络地理信息安全得到进一步保障。不过，俄罗斯没有忽视对网络地理信息安全的建设，特别是普京上台后，推行了一系列有利于网络地理信息安全技术发展的政策，在信息技术与数据加密等方面取得突破性进展。由于俄罗斯综合国力的提高以及网络地理信息安全的有力监管，俄罗斯有信心也有能力保障网络地理信息安全。在加强国内地理信息安全监管的同时，俄罗斯也开始建设地理信息共享体系，加强与国际互联网地理信息安全的合作，此时，俄罗斯的网络地理信息进入监管限制与开放并存的阶段。

四、印度网络地理信息安全政策的基本做法

印度长期实行测绘地理信息成果限制使用政策，其网络地理信息安全监管体系属于完全的政府主导模式，在网络地理信息从业主体的准入方面尤为谨慎，许可审查也非常严密，对网络地理信息的限制也较为严格。

印度在探索国家网络地理信息安全系统建设的过程中，逐步地发展出了一套极具本国特色的网络地理信息安全监管模式，可以概括为：将地理信息产业与IT产业密切联系，形成立法护航、技术为先以及忧患意识三足鼎立的监管模式。

第一，实行网络地理信息军、民分版管理。2005年，印度政府出台了“国家地图政策”，并设立了两个地图系列，确立了军事和民用两个地图版本。一种包括了各种比例尺地形图，是国防地图系列。这些地形图不降低精度，有多圆锥 / UTM投影、EVESTES/WGS—84基准，包括高程、等高线等全要素数据，主要为了满足国防和国家安全的需要。国家模拟和数字地图系列将根据特定的密级进行分类。另一种是印度测绘局（SOI）公开发布的开放系列图，为国家发展提供支持。所有开放系列地图（包括他们的硬盘拷贝和数字产品），只要一次性获得国防部门批准便可“不受限制”地使用。印度测绘局需确保在公开系列地图中，位置信息不出现在军事或非军事敏感地区。

第二，实行网络地理信息限制使用原则。印度政府对地理信息数据的管理非常严格，长期以来一直实行限制在互联网上使用地理信息成果的政策。广大非官方用户很难直接从互联网上获取所需的地理信息结果。当

前，大部分国家地理信息数据只能从政府机构购买，其中，地形数据只能从印度国家测绘局购得，卫星影像数据只能从印度国家遥感局购取，地质、水文、森林、土地和土壤专题数据可以从地质调查局、地表水控制中心委员会、印度林业局、供水中心委员会、土壤和土地利用组织等购买。在2008年，印度政府通过了一项法案，允许商业组织使用此前高度敏感的机密地理信息。该法案允许印度地质调查局和太空总署等政府机构有选择地与其他公共机构分享获得的地理信息，但需要通过协议确保信息在开放和共享环境中的安全。

第三，实行严格的网络地理信息获取、传播、使用审批制度。印度在地理信息使用方面审核尤为严格。例如印度制定《印度地图使用相关许可》，规定在印度测绘局地图产品的出版、网络和媒体使用以及信息认证等环节，并详细规定了被许可人的义务。如互联网对被许可人的预防措施，确定被许可人、或代表被许可人的互联网服务提供商或网络主机所持有的SOI位图的安全；只能将SOI产品用于生成位图，严禁用于任何其他目的；确保被许可人或代表被许可人的主体生成的所有位图、或在被许可人的网站上显示的地图遵守本许可中给予的版权；自己不能、也不能允许他人（包括任何互联网提供商或网络主机）编译、以反向工程处理或分解SOI的产品；不能授权任何第三方使用SOI的产品；不能将SOI的地图用于任何冒犯、丑化或损害普遍被接受的品味和礼节标准的用途；在任何时候，不能开展可能负面反映SOI地图和SOI名誉的商业活动；不能与其他被许可人或其他人参与任何非法、欺骗、误导或不道德的行为，包括但不限于：贬低SOI地图或SOI，或其他对SOI地图或SOI不利的行为；所有关于SOI数字数据的交易应在地图交易许可（MTR）系统中实施；仅将SOI地图用于被许可的用途。遥感数据政策（RSDP）—2011，包括了信息数据的管理方式与获取遥感数据许可。印度遥感系统（IRS）获取的数据独家持有者为政府，所有用户须有许可才能获得与开放使用数据。因此，该政策实际是对网络地理信息的获取、传播和使用规定了严格的许可制度。

第四，高度重视网络地理信息安全技术的开发与运用。印度作为以科技起飞的发展中国家，十分重视网络技术在网络地理信息安全保障中的地位和作用。印度高技术计算机发展中心（C-DAC）和国家电子政务机构（NISG）在着手研究维护核心网络安全的有关技术，具体包含 C-DAC 虚拟专用网，一个加密包（C-Crypto）及电子商务应用模型。此外，印度国防研究与发展局（DRDO）已经成功整合了陆军无线工程网（AREN）及陆军静态转换通信网（ASCON）中的安全机制。

第五，对网络地理信息违法行为采取严格举措。2000 年 6 月，印度制定并颁布《国家信息与技术法》。这部法律规范了网络地理信息违法后的诉讼以及行政管理等流程。通过这部法律，印度也成为第 12 个在信息技术领域拥有相关法律的国家。次年 9 月，警方成立了第一个警察局来处理班加罗尔的网络犯罪。2008 年孟买恐怖袭击事件发生后，为了更好地保护网络安全，印度政府开始研究如何采取“适当有效”的网络运营商和个人管理措施。2008 年修订的《信息技术法》作出规定，对利用计算机技术威胁国家安全或对人民实施恐怖行为的个人或团体最高可判处终身监禁。为实现对网络地理安全使用的进一步规范化管理，印度于 2011 年修订了《信息技术法》。在此次修订中，给予了印度省交通信息技术部门关停违法网站并删除违法地理信息的权力。此外，提供地理信息的网站必须监管用户舆论，避免出现导致民族矛盾、阻碍团结和社会秩序的言论；网站应在收到主管机关通知后 36 小时内删除不良内容，否则网站所有者将面临长达三年的监禁处罚。

五、外国网络地理信息安全政策的经验借鉴

在互联网时代，“信息高速公路”连通整个世界，世界上的每一个人都能享受地理信息资源带来的便利。加强系统建设是世界各国特别是一些

地理信息技术发达国家确保网络地理信息安全的根本途径。中国网络地理信息在收集、传播和使用等诸多环节面临越来越多的传统和非传统安全风险，迫切需要借鉴国外先进理念，完善政策法规，通过根本制度安排减少或消除安全威胁，确保国家安全。

纵观整个世界，各个国家的网络地理信息安全监管方式虽然有所不同，但不外乎以下几种：立法监管；自律监管（行业自律和网民自律）；行政监管（分级管理、有限公开、严格审批、网络访问控制、泄密预警等）；技术手段监管（信息过滤 / 阻断技术、内容自动分级、实名认证等）。不论哪一国家的网络地理信息监管都是该国网络信息监管和地理信息安全监管方式的综合运用。具体来说，一些国外的典型建设案例给我们以下启示。

（一）密切关注网络地理信息安全保护的政策发布

网络地理信息安全监管问题涉及面广，新技术更新换代的速度很快。从根源上杜绝此类问题的出现，就要在立法上更加重视网络地理信息的安全，以此形成一套完整的网络地理信息法律监管体系。美、日、俄等国在这方面具备了很成熟的经验，他们明白只有通过建立严格的政策体系，才能确保网络地理信息参与者的权利和义务。才能明确保护什么，禁止什么，才能在网络地理信息安全监管中做到有法可依，有法必依。

（二）建立和完善权责明确的分工协作机制

网络地理信息系统的建立绝不是一蹴而就的，而是要经过一系列的信息收集、整理、使用、推广和反馈的过程。并且需要各个部门的积极参与，主要有公安、信息产业、新闻保密等单位。如果部门定位不到位，权责不清，容易出现职责重叠、推诿的现象，势必影响监督的效率和效果。相比之下，中国的相关立法也对地理信息监管部门的职责作了规定。然而，究竟是谁负责互联网上地理信息系统的管理工作？各个部门之间的职责关系是什么？出了问题哪个部门负责解决？诸如这些方面都没有明确的规定，更不用说相互之间的合作机制。比如《互联网地图审查要求》中并没有规定网络监管部门的职责关系。也就是说，目前我国网络地理信息的各个部门和机构没有法律可循，以至于他们工作不负责，经常出现相互扯皮推诿的现象。纵观国内外一些成功的经验，俄罗斯的法律和法规就值得我们借鉴。它是通过法律明文规定各部门的工作职责，避免九龙治水水不治的现象。

同样的分工并不等同于单独管理，维护网络地理信息安全需要各部门群策群力。试想一下，如果各部门都只对自己部门所需要的地理数据进行勘测、管控，“各扫门前雪”，不及时地与其他部门交流、配合，那么网络上的地理信息就更加庞杂，混乱，这无形中就增加了网络地理信息安全的风险。考虑到各部门协作机制的重要性，如上文所述，俄罗斯成立了跨部门的信息安全委员会，负责统筹各个部门之间的工作，以便各部门在统一的指挥下形成有序的工作机制，避免出现推诿、权责不一致的现象。根据国外的成功经验，我国可以设置类似的机构，比如让国务院牵头成立地理信息安全委员会，包括网络监察部门、国家安全部门、保密局等。并采取如下工作方式：第一，一般情况下，各相关部门履行好本职工作；第二，地理信息安全委员会定期召开会议，在会议上，各部门分别汇报一定周期内的工作情况，尤其是网络地理信息监管部要指出近期监管工作中遇到的问题以及需要哪些部门的配合等；第三，及时总结网络地理信息安全监管中的问题和方案，将一些常见的处理意见建议经讨论尽量形成一定的规章制度。

（三）对造成地理信息安全问题的违法行为进行严厉处罚

严格遵守法律法规，严厉处罚违反法律的行为，这是国外典型国家在网络地理信息安全管理方面的独特方法。受此启发，审视我国在地理信息安全方面的不足之处，信息安全委员会可以从以下几个方面对违法行为进行监管：第一，制定岗位责任制，根据“谁主管谁负责”的原则划分具体责任；第二，建立监督举报和反馈机制，重视群众和网民的意见和举报，相关部门的监管人员应及时了解案件发生和发展的过程。违法行为一经查实，监管部门要联合有关部门实施打击查处。最后是建立严格的责任追究制度，对网络地理信息违法案件中不作为的网络地理信息监管单位和人员实行严格责任追究。

（四）要建立健全网络地理信息传播、审批和从业人员准入与退出政策

为了强化对网络地理信息安全的管控力度，避免地理信息在收集、流通和使用中出现不安全因素，部分国家逐步开始规范网站地理信息的相关流程，通过更具科学性的制度，尽量确保网上发布的地理信息的安全性、准确性。例如，印度十分重视网络地理信息的安全，制定了严格的许可制度。从这方面看，我国的相关制度还不够完善，还应对网络地理信息的获取、传播、使用和审批制度以及从业人员准入和退出政策作出明确规定。第一，获取有效网络地理信息的最佳方式是及时、准确。第二，任何在网上发布的地理信息事先都要经过监管部门审核通过后才可以上传，并填写相关审核表。只有经监管部门签署批准后，才能按照规定程序放行。并且上传的地理信息必须是合法的，任何企图上传违法、虚假信息的行为都要制止。根据国家相关规定必须实施保密或者在有效期限内必须保密的信息，不得上传。第三，在信息的收集和加工运用方面必须严格按照登记程序进行，形成有章可循的规范化制度。

（五）必须充分重视网络地理信息的保密审核检查和分层管理

互联网在世界各地都有着密切的联系，人们越来越多地通过互联网传递信息和发送文件。然而，因为网络技术存在安全漏洞等原因，网络信息

的披露有可能泄露国家机密信息。因此，我们需要加大对网络地理信息安全的监管力度。主要有两个方面：一是做好信息分类和筛选工作。地理信息的来源几乎不受限制，不分类筛选就很难区分重要程度，按照信息的类别和重要性进行归类，在运用信息时就可以迅速做出选择。例如，印度对国家地图信息采取分级分类管理方式。它一方面满足了公众对网络地理信息的需求，另一方面也保护了国防和国家安全相关信息。二是做好部分重要信息的保密审查工作。泄露保密信息有可能影响国家安全，所以要对信息进行一一排查，并且严格审查收集、处理、存储和提供涉密地理信息的机构和组织是否具有合格的资质，进一步加强涉密地理信息管理人员的管理，从源头上消除潜在的地理信息安全隐患。

总之，国外典型国家的网络地理信息安全监管，无论从相关政策的完善程度，还是从组织体系构建来看，都具备很好的基础。我国应在本国国情的基础上，构建适合本国国情发展的、具有中国特色的、科学严密的网络地理信息安全制度体系和组织监管体系。

第五章

建立健全我国网络地理信息安全政策体系

本章是本书研究的重点。作为一项浩大的国家建设工程，我国网络地理信息安全体系由于起步晚等原因尚不完善，无疑从确保国家信息安全的角度来说这是一个亟待解决的紧迫问题。网络地理信息安全政策在国家地理信息安全的建设中占据着重要的地位，进一步推进着国家安全体系的建设。面对目前我国在网络地理信息安全的政策体系方面存在的诸多弊端，必须要进一步健全与发展网络地理信息安全政策体系，具体从六个方面构建我国网络地理信息安全的政策体系，即涉密网络地理信息物理隔离政策、涉密网络地理信息访问控制政策、从业主体准入与退出政策、网络地理信息公开行为审批政策、网络地理信息泄密预警与应急控制政策、网络地理信息知识产权保护政策。

一、建立健全涉密网络地理信息物理隔离政策

物理隔离是保障涉密网络地理信息安全最基本的手段，是整个网络地理信息安全系统不可缺少的组成部分。一方面，在各种软件和硬件系统中要充分考虑到涉密网络地理信息系统所受到的物理安全威胁以及相应的防护措施。另一方面，要逐步提高关于涉密网络地理信息这一新领域的安全意识，完善各项具体的物理隔离的制度和人员设备管理和操作的规章，建

立健全涉密网络地理信息的物理隔离政策。

我国目前主要关于网络地理信息安全的政策中，涉及物理隔离政策占了一部分，但是相关的物理隔离的政策却没有具体、细化，留下了许多空白和缺失的地方。尤其是在对物理隔离分类进行划分的地方没有详细的规定。例如遇到突发性自然灾害应该如何应对，遇到大规模非法入侵应如何补救和立刻采取什么样的响应措施。又如遇到技术失误或电子设备失控，应如何应对。还有涉及重要网络地理信息备份的相关安全政策没有明文规定，所以目前急需建立健全涉密网络地理信息物理隔离政策。

目前首先要做的是细化各类规定，有效地实现网络地理信息的物理隔离。所谓政策和规定的细化，就是要根据涉密网络地理系统物理隔离中的实际情况制定细致的、符合实际的相关规定。细化具体的政策，可以使得物理隔离的政策在实际的运行过程中具有实际可操作性，能够保证物理隔离在涉密网络地理信息安全的监管中发挥实际的作用和效力。

（一）物理隔离及其对网络地理信息安全的意义

1. 物理隔离的涵义

物理隔离的涵义，即指涉密网络信息的内部网与公共网之间没有进行直接或间接的链接。物理隔离的目的是为了保证涉密网络系统的物理安全，为了保护储存设备相关的硬件和通信链路，比如路由器和工作站以及网络服务器等硬件，就需要使用物理隔离，从而避免其受到人为或电子破坏、自然伤害、窃听盗取信息等带来的损失。只有内部网络系统与公共网络系统实现物理隔离，才能从根本上保证涉密机关和单位的内部网络信息不受来自外部的各种形式的威胁和攻击。物理隔离使涉密机关和单位之间的界线得到明确，同时也为网络系统的可控性、涉密信息的存储和管理带来了极大的便利。

2. 物理隔离工作基本原理

物理隔离本质上就是物理分开，根据外网的安全程度低、内网的安全程度高这一特点，我们完全可以充分利用像网络切换器或者物理隔离卡这样的物理隔离设备，在内网和外网之间不进行连接，使其完全断开。实际上，既可以将隔离设备看成是一种单纯的存储介质，又可以将其视为一个简单的调度和控制电路。如下图所示。

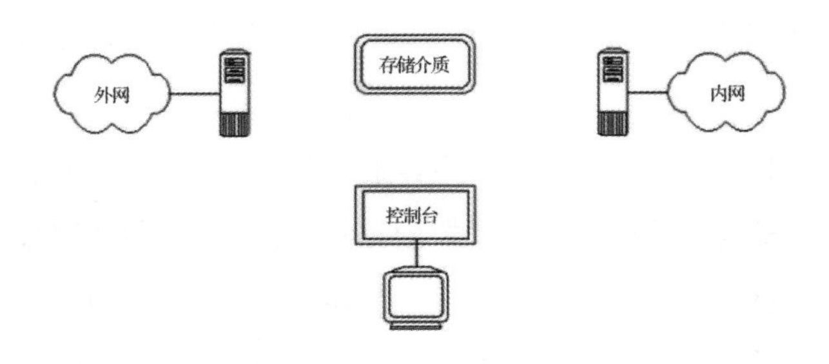

图 5—1　物理隔离工作基本原理（I）

例如，用户发送电子邮件，就相当于要从外网访问内网。首先，外部服务器发送的数据会和隔离设备进行连接，要说明的一点是，这种数据的连接方式是属于非 TCP/IP 协议的。隔离设备接到外网连接协议时，会将内网断开，同时将外部服务器发来的原始数据存入，等待数据完全写入。

为了使数据具有完整性、安全性的特点，这就要求在某些时候需要进行必要的检查，防止病毒的入侵和恶意代码的生成。如下图所示。

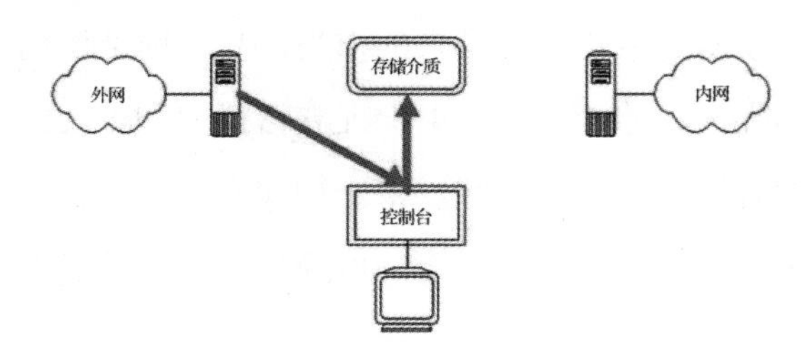

图 5—2　物理隔离的工作基本原理（II）

只要隔离设备的存储介质完全接收了来自外网的数据，那么此时外网与隔离设备就立即中断，继而隔离设备转向对内网的TCP/IP连接，把数据发送给内网。接着接收到数据的内网就马上对TCP/IP和应用协议进行封装，然后将其传到邮件系统中，此时内网中的用户就收到了来自外网的电子邮件。如下图所示。

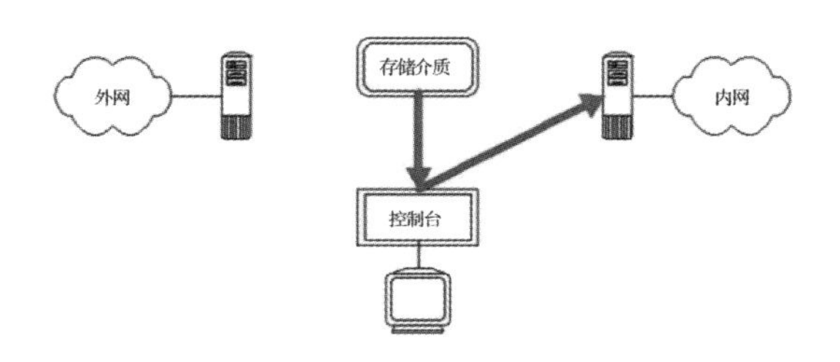

图5—3　物理隔离工作基本原理（III）

当这一系列流程走完后，隔离设备立即切断与内网的直接连接，再次等待外网的连接请求，保证外网和内网之间的物理隔离。举个例子来说，江两岸需要运输一批货物（数据），但没有直连的桥（物理连接），只能把货物全部搬上船（隔离设备），用船来完成一次运输，即一次数据交换。

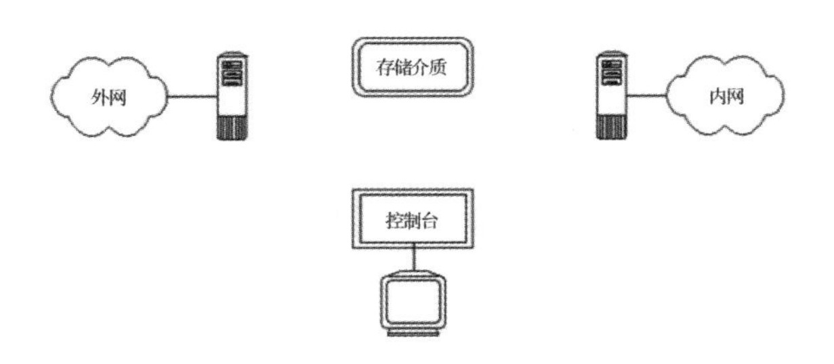

图5—4　物理隔离的工作基本原理（IV）

3. 物理隔离对网络地理信息安全的意义

一方面，物理隔离是能防止因互联网造成涉密信息外泄的一种有效方式。目前计算机市场中使用最广泛的TCP/IP协议中仍有许多漏洞和欠缺，并不能有效保证涉密信息的安全。导致这种问题出现的原因主要是当时以Internet为代表的计算机网络设计者主要以互联、互通、共享为目标，继而忽略了安全这个因素，从而使得该网络技术基础变得异常脆弱，所以必须进行物理隔离。

另一方面，物理隔离能够从技术上有效阻断外来入侵和泄密的可能性和概率。所以可以利用物理开关来进行内网和外网的切换，而网络终端可以为用户提供这种功能服务。例如，黑客侵入了其中的某一个网络，但由于这一物理隔离功能使得黑客不可能再次侵入到另外的一个网络。要想网络地理信息安全实现内外网隔离这一功能，就需要在内外网中分别安装一台终端服务器，使得内部网和外部网之间没有任何物理上的连接。网络系统由内外网两大模块构成，既可以将它们看成是相互独立的个体，又可以视为紧密相关的两个部分，这两部分采用的结构都是星形拓扑结构，采用的技术均为100M交换式快速以太网技术。总之，这些措施有力打击了利用计算机从外部网侵入内部网的网络入侵者。

（二）建立健全涉密网络地理信息物理隔离的具体措施

搭建内外网的物理隔离有多种方式，为确保信息安全，需要遵循物理隔离原则进行独立构建。目前确定建立健全网络地理信息物理隔离的具体措施主要是以通过建立系统逻辑结构为基础，通过计算机技术和互联网技术实现网络地理信息物理隔离的具体措施的制定。

1. 内外网采用物理隔离

在搭建计算机网络安全环境时，部署内外网的物理隔离方法，在内网的所有计算机统一安装正规有效的杀毒软件，进行重要数据备份等措施。服务器机房的技术人员做好巡岗工作以及服务器数据容灾备份。

网络安全防范有三大措施：第一是做好网络接入前的准备。计算机本身会出现硬件损坏，受到病毒感染，携带传播性的木马文件，系统崩溃或者故障等等一些危险现象，这就要求接入网络中的每台计算机都要做好杀毒，维护，不定期检查硬件，且要求每台计算机名都是操作者的实名，每个人都分配固定的IP，做好这些准备，才是安全访问网络的第一步，获取网络资源且不会带风险进入，以防传播扩散，泄露或者被破坏涉密文件以及重要文件。如果出现了风险，计算机名以及IP可以直接锁定事故责任人，及时有效地遏制非法访问以及操作。安全杀毒软件是保护计算机的一道有效防线，必须及时更新病毒库，进行木马扫描等操作。第二是网络中心，网络设备损坏、被入侵、存在病毒、硬件损坏等等都会带来一系列安全隐患，为此需要对硬件进行维护、杀毒，并且避免因长时间工作导致硬件发热现象，应该全天开空调。第三是服务器，服务器相当于平常所用的主机，里面包括硬件与软件，为了实现用户安全访问服务器，做好软硬件维护工作是有必要的，对于服务器重要内容以及个人信息、数据等等做好容灾备份，服务器登录有着独立账号密码，保持密码复杂化、无规律也是重要的举措。

2. 安全资格认证

安全资格认证主要是指保密部门或者拥有资格证书的安全服务单位对涉密信息安全系统所提供的信息安全加密的解决方案、系统集成说明和后期的维修工作进行审批。涉密信息系统应严格使用合法技术设备，不允许使用未经允许的设备，更不允许使用国外提供的设备，已经使用的单位要予以更换。

3. 分级管理制度

对于涉密信息文件管理，有着相应的集成系统，它由计算机和一系列配套设备等组合而成，是遵循一定规律进行安全化的存储、处理以及传输涉密信息的系统或者网络。国家保密工作部门要起到主管全国涉密信息系统的作用，由它来进行该系统的审批工作，而市（地）级以上的保密工作部门要做好本行政区域内该系统的审批工作。利用计算机、通信、网络等技术对涉及国家秘密、党政机关工作秘密的信息进行采集、处理、存储和传输。涉密信息系统有A、B、C、D四个级别，分别对应国家绝密级、国家机密级、国家秘密级以及工作秘密级。前三个级别必须实行物理隔离，不得与外网连接。而对于工作秘密级系统在与外网进行连接时必须在不违背党和国家利益的情况下，采取一定的措施保障工作秘密的安全性。

（三）完善涉密网络地理信息物理隔离的配套政策

1.库房管理政策

为了保障涉密网络地理信息的安全，库房的管理政策应该从涉密的角度出发，具体的政策主要应该分为十个组成部分：第一，库房或设备存放地点是涉密信息的重要存储和传递部门，应该严格规定人员出入情况，通过登记和批准制度，保证库房出入人员的简单性和安全性。比如要采取入库登记的策略，当人员进入库房时，应记录每个人员的姓名和职务，以及进出的时间和进去的目的都要仔细记录下来。在离开库房之前，必须由专门的库房管理人员进行检查，确保库房内部设备和信息的完整和安全，进入人员登记备案后方可离开。第二，库房应该保证固定和安全，不得随意调换和更换地点。如必须调换或更换地点，则必须请示上级部门，在得到肯定的同意批复之后方可进行调换和更换地点。库房内还应具备完善的安保设备和安保人员，保证库房的安全。安保人员必须经过上岗资质的审查，经过专业的培训和训练，熟悉涉密网络地理信息方面的基本安全知识和安全制度，保证其工作的效率。第三，库房内设备和资料的更换、传输和外借必须严格执行登记制度，表明登记人和登记日期、时间，保证库房涉密信息的安全。登记记录必须实行由专人管理制度，并且设立记录复查制度。第四，库房必须根据不同的设备进行不同程度的物理防护工作，如防火、防潮、防风、防尘、防晒等。第五，对于外来新设备与软件或者输入涉密信息要经过审查和备案，通过专业的信息安全部门进行安全性和保密性的审查，确保所进入设备、软件和信息的安全。第六，根据不同设备的需要安装不同的监控设备，保证不同设备的正常运转。制定定期检查制度，保证设备运转良好。第七，库房内部设备及相关工具和信息资料，专人专管，专物专管，不存放其他不相关的物品。第八，建立定期的清算检查制度，保证库房内相关设备和保存信息的安全和完整。第九，保持库房的清洁，保证各种设备运转正常。应规定要定期安排专业的人员来库房打扫卫生，做好清洁工作。第十，建立每日巡查和值班制度，保证库房 24 小时处于涉密安保状态，保证库房及其设备的安全和完整。

2. 涉密地理信息软硬件产品安全管理政策

（1）涉密地理信息软硬件产品安全的审批与测评政策

第一，经批准审核通过并投入使用的两个以上涉密信息系统相互通信时，如果涉密信息系统由同一个上级主管部门主管，那么该上级部门应首先按照规定对其仔细审查，接着将审查后的结果送给同级保密部门，最后再由该同级保密部门审批。如果两个以上的涉密信息系统分别由不同的上级主管部门主管，那么必须由涉密信息系统各自的上级主管部门保密机构进行审查同意并由使用该系统的单位报送至原审查同意的保密部门进行审批。

第二，保密工作部门应根据保密技术标准和相关保密法律法规对涉密信息系统的建设过程、安全保密技术和管理措施、采用的安全保密产品和保密设施进行审查，涉密信息系统应严格遵守保密管理的相关规定来进行体系的建设，其安全保密技术和管理措施必使用的安全保密产品和保密设施必须符合相关保密管理的要求。

第三，目前需要细化网络地理信息安全软件管理整个环节的具体政策和规定。首先，在软件的安装管理方面，要通过专业信息部门的审核和批准，保证软件的安全性和可靠性，对软件的“后门”情况进行详细的审查，保证网络地理信息相关软件的安全性得到切实的保障。这类保障可以通过专项的立法工作，形成成文的相关条款，保证规定的执行。其次，在软件的使用和备份方面，必须要细化使用的过程、使用的领域、使用的方法、使用的人员及其资质、以及使用的时间和具体次数等，明确责任制度，责任落实到人。同时软件使用过程中的相关规定要实行登记制度，保证存档和备份，如“涉密计算机系统中各种软件有涉密内容以及其软件配置的基本情况禁止进行公开的学术交流，各部门不得擅自对外进行发表”。还要备份软件在使用中出现的相关情况和问题，以及各种不同软件相互配合使用的具体情况。最后，在软件更新和停用方面，同样需要建立专业信息部门的审批程序，明确软件在更新前需要进行安全性和完整性的确认，在更新时候需要实行登记和备份制度。软件在确认过期、过时、失效和发生泄密情况时，必须实行停用制度。相关停用制度，需要通过上报和审批，采用安全的方法进行停用，并且备案登记。

第四，物理隔离相关规定制定中，要完善对官方及私人性质的网络地理信息存储的硬件设备（计算机、网络及其介质）安全的防卫工作，细化相关的规定，加强和完善电子信息保存地点周围的安全监管政策的制定和落实。

网络地理信息及其他相关涉密信息主要是以计算机及其储存介质为主要存储和传递的。目前，涉及到物理隔离相关方面的规定有《中华人民共和国计算机信息系统安全保护条例》和《关于加强互联网地图管理工作的通知》，但是里面的相关内容还不够细化，例如其中关于计算机系统保护相关的内容：“为保障计算机信息系统的安全运行，必须保证计算机及其相关的设施设备的安全性，提供安全稳定的运行环境，保障计算机功能的正常使用。”因此，可以对此进行细化：一是安全保护范围的扩大。计算机系统的安全保护可以扩展为所有涉密信息存储与传输设备，包括移动存储设备、电缆设备和非计算机的网络信息传递渠道，如手机和无线电等。二是明确相关配套设备的具体分类，如相关网络地理信息的设备设施都需要进行严格的划分，形成等级。涉及国家级机密的参照军队机密管理，地方的相关网络地理信息可以进行实际情况的划分，参照一般的保密手册的规定来进行管理，实现不同等级网络地理信息安全的不留死角。三是保证硬件设备的运转正常，制定巡视制度和定期检查制度，划定具体的责任人，责任落实到个人，进行定期的评分考核，查漏补缺，保证硬件设备的运转正常和定期更新。四是要在很大程度上保障硬件设备的安全，而且要使其设备都具有保密性，像计算机机房要按照国家的政策和法规的标准来进行建设，同时，邻近计算机机房所进行的相关活动如施工、居住、生产等，都必须得到国家相关部门的审批，不得擅自在相关机房等硬件设置周边进行非正常的活动，防止发生危害信息系统安全的情况。

（2）建立定期检查制度

建立定期检查制度，是保证软硬件管理政策的重要组成部分。该部分涉及内容如下所示：对设备的电磁泄露和发射情况进行检查；对设备设施的安全性和保密性进行检查；对设备设施的认证审批情况进行检查；对系统中的口令设置以及口令的存储和传输进行检查；对网络的安全保密功能进行检查；对涉密信息的访问控制进行检查；对主机、终端设备、配线、网络设备、网络布线的安全保密措施进行检查；对数据库系统的保密功能设置进行检查；对应用软件的保密设置进行检查；对系统的审计跟踪以及日志管理进行检查；对系统上的互联网以及单机上的互联网的安全保密措施进行检查；对网络通信保密措施进行检查；对保密组织与制度的执行与落实进行检查。

3. 保密要害部门或要害部位分类管理政策

保密要害部门是指涉及重要国家机密的最小行政单位，主要设立在国家的各机关或各单位中以及包括大多数所属场所中。保密要害部位主要指的是在单位内部拥有独立、固定、专用的场地并对国家秘密载体进行处理、保管及存放的关键场所。具体的政策是：

（1）确定保密要害部门的三大标准

第一，单位内部日常工作中产生或涉及 1 件以上绝密级国家秘密事项的部门；

第二，单位内部日常工作中产生或涉及 2 件以上机密级国家秘密事项的部门；

第三，单位内部日常工作中产生或涉及 3 件以上秘密级国家秘密事项的部门。

（2）确定保密要害部位的三大标准

第一，机关或单位中对国家秘密载体及密品需要进行专门的处理和存放保管的重要且独立场所；

第二，在日常的工作中牵涉到很多国家秘密事务的区科级以上的领导干部办公场所；

第三，涉密会议场所。

（3）保密要害部门、部位保密管理制度

保密要害部门、部位的保密管理以“谁主管、谁负责”为其基本管理原则，要求对其进行严格管理、明确职责、严格防护、保证安全，通过建立综合防护体系，确保保密要害部门、部位保密管理顺利进行。

（4）要制定相关的规定来严格要求保密要害部门、部位的工作人员，要求他们必须通过涉密资格的审查，不能有刑事处罚的记录，过去不能有违反保密法规的经历，不能有党纪政纪及以上的记过及处分经历，最后，该工作人员的配偶也需要有一定的资格要求，其必须是通过了相关保密培训的中国公民。

（5）一定要培养保密要害部门、部位工作人员的保密意识，这就必须给他们开展不少于三个工作日的保密岗前培训，从而增强他们的保密意识。

（6）保密要害部门、部位工作人员须按照涉密等级来承担与之相当的责任与义务，严格遵守保密纪律，并与保密委员会签订保密责任承诺书，认真履行保密责任承诺书中的相关要求与其他限制性要求。

（7）保密要害部门、部位工作人员脱离涉密岗位时实行脱密期制度，脱密期的时间长度是由该涉密人员接触的国家秘密等级确定的。一般而言，为了使国家的机密不被泄露出去，涉密人员必须要提前签订离岗保密工作承诺书，在正常情况下规定涉密人员的脱密期至少要有六个月，多者则三年不等。

（8）在对保密要害部门、部位的工作人员进行岗位考核时，应将其保密岗位职责的内容放入到考核中去。

（9）保密要害部门、部位应根据国家标准提供特定的保密环境，包括相关保密办公设备设施以及保密安全设施设备的配备，如：电脑密码文件柜、文件粉碎机、电子监控摄像头及安全警报等。

（10）保密要害部门、部位工作人员若因个人原因泄露国家机密必须对其进行党纪政纪处分，同时将其从原有岗位调离；若威胁国家安全并对国家利益造成重大损失的，交由司法机关处理。

（11）确定保密要害部门、部位应根据国家标准和相关法律法规的规定的要求进行确定，若未按要求确定并导致泄密的须根据相关规定依法追究有关领导和相关工作人员的责任。

（12）保密要害部门、部位中如果存在泄密隐患或者已经发生泄密情况的必须根据领导干部保密责任追究机制，对有关领导进行责任追究。

4. 涉密人员的管理与培训政策

（1）规定涉密人员分类管理制度

“涉密岗位”即涉及或接触国家秘密事项的岗位。涉密单位应根据岗位涉密级别而确定涉密人员类别。国家秘密事项主要分为绝密级国家秘密事项、机密级国家秘密事项以及秘密级国家秘密事项等。涉密岗位级别主要有一般涉密岗位、重要涉密岗位以及核心涉密岗位等。如果某岗位的涉密人员的日常工作与秘密级国家秘密事务有关联，那么称该岗位为一般涉密岗位；如果某岗位的涉密人员的日常工作与机密级国家秘密事务有关联，那么称该岗位为重要涉密岗位；如果某岗位的涉密人员的日常工作与绝密级国家秘密事务有关联，那么称该岗位为核心涉密岗位。分类管理，就是指按照相关规定政策的要求和标准，并且要与实际中的工作情况相结合，国家机关和单位可以对工作岗位上不同程度的涉密人员采用不同种类的管理措施并制定明确具体的岗位划分标准和工作人员管理办法的管理。

（2）规定涉密人员上岗审查制度

必须要在涉密人员上岗之前做好十分严格的审查工作，包括对涉密人员家庭情况的审查，涉密人员与国内以及国外的人员来往的审查，还有其个人在生活和工作中的行为等方面都必须实行严格的审查制度。这些由用人单位的人事部门和保密工作机构负责，在聘用和任用涉密人员时，根据涉密人员的任职资格与条件来开展相关的工作。

（3）涉密人员的基本条件

涉密人员必须要符合一定的基本条件才可以从事相关的保密工作，这些主要从涉密人员的政治素养、个人品行、工作能力这三个方面进行考察。在政治素养方面，涉密人员必须要有坚定的立场，要严格遵守保密规章制度，要认真将党的路线和方针政策更好地贯彻开来并进一步落到实处；在个人品行方面，要求涉密人员必须忠诚负责，品行端正，作风优良，为人正派；在工作能力方面，涉密人员不仅要有基本的法律知识储备和良好的理解能力，还要熟练掌握保密业务的相关知识以及具备一定的保密技能。

（4）涉密人员权益保障制度

由于涉密人员的工作具有特殊性，所以涉密人员在很多方面都不能像普通人一样享受到合法的权益，比如在就业方面、出国方面以及发表学术成果等方面都会受到一定的约束。但我国规定了权利与义务具有相对性，依照这一原则，就必须从补偿的角度来确保涉密人员的合法权益。

（5）涉密人员上岗保密要求

涉密人员上岗工作之前必须签订保密承诺书，并且涉密人员一经任用就必须进行严格的岗前培训。岗前培训的主要培训内容包括：保密教育培训、保密知识技能培训以及与遵守规章制度有关的培训等。涉密人员不得以任何方式泄露国家机密，要求其必须具备良好的政治素质、很强的业务素质和保密意识以及专业的保密技能。

（6）涉密人员出境审批的规定

严格管理涉密人员出境问题有利于保护国家秘密以及涉密人员自身安全。对于涉密人员出境的问题，国家已经有了相关的规定，要求必须得到有关部门的批准方可办理出境手续。由于涉密人员的出境很可能会涉及国家安全问题，如果处理不当将给国家带来重大威胁以及会带来一系列严重后果，所以有些机关赞成不得让涉密人员出境。

（7）涉密人员离岗离职实行脱密期管理

为了更好地保护涉密信息不被外泄，必须对涉密人员采取脱密期管理制。在涉密人员通过了机关或单位的离岗离职的审批前提下，以其离开涉密岗位的那天起计算一直到规定的日期结束，这段时间称为脱密期。在脱密期内，涉密人员必须要遵守保密规定、履行其义务。主要有以下三个方面的内容：第一，原机关单位制定保密协议书，与涉密人员进行协商并签订；第二，之前由涉密人员所保管的国家秘密载体以及其他涉密的一些设备均必须按照规定的要求来进行提交；第三，未经相关机构同意，不得擅自出境，同时不能到境外驻华组织、机构以及外资企业中就业以及为其提供劳务、咨询或者服务。涉密人员的脱密期的时长是按照涉密人员在进行该项工作期间接触国家秘密的等级、知晓国家秘密的数量以及从业时间等标准确定的。涉密人员主要可分为三大等级，由高到低分别为核心涉密人员、重要涉密人员以及一般涉密人员，同时将涉密人员的脱密期按照这三个等级进行划分。一般来说，将核心人员的脱密期定为 3—5 年，将重要人员的脱密期定为 2—3 年，而将一般人员的脱密期定为 1—2 年。

（8）涉密人员的权利、岗位责任及对其进行的常规性检查与监督

必须明确规定涉密人员的相关权利、岗位职责并对涉密人员工作情况进行常规性检查。首先涉密人员享有机关、单位一般工作人员享有的权利，同时由于涉密人员工作的特殊性，其有权要求机关或单位为其准备符合保密要求的工作环境。比如要求该机关或单位开展定期的保密事务培训，要求配置或更新工作中需要的保密设备等。相应地，涉密人员可以根据自身岗位的需要而提出自己的意见，同时涉密人员有权享有一定的岗位津贴。涉密人员的岗位责任要求涉密人员应接受相关保密业务培训，严格执行与保密相关的法律法规及规章制度，依法使用和保管秘密载体及设施设备，防止违反保密规定的行为并接受保密监督检查等。同时，机关单位应当对涉密人员的思想状况和日常工作及其履职情况进行常规性的检查与监督。

二、建立健全涉密网络地理信息访问控制政策

《中华人民共和国保密法》明确规定，涉密网络必须实行物理隔离，不得直接或间接与外网进行连接。当涉密地理信息实行内外网隔离后，为了阻止对关键管理设施、涉密数据库非授权的访问，就需要对涉密网络进行访问控制。据此，涉密网络访问控制政策就成了保障网络地理信息安全的最重要屏障。网络访问控制的主要目的是通过划分网络边界、控制地址和资源操作权限等手段，防范非法访问和越界访问。访问控制既可保障主体能够方便获取到正常的工作资料，又可保证涉密地理信息不会外泄，是实现网络地理信息安全和网络地理信息共享的重要平衡机制。

（一）网络地理信息安全访问控制机制及其构成

访问控制即限制访问资源的能力与范围。一方面防止合法用户操作不当而破坏关键资源；另一方面防御并制止非法用户的入侵，从而保证网络

资源在可控范围内的合法使用。同时，访问控制通过对数据以及程序的读、写、更改和删除进行控制，以确保地理信息内网系统的安全性，使其免受偶然和蓄意侵犯。在地理信息内网系统中的用户即合法用户不得越权访问，只能依据自身权限访问与自身权限对等的某一涉密等级的地理信息资源。网络地理信息安全访问控制具有一般网络访问控制的特点和内容，其主要包括以下部分。

1. 入网访问控制

入网访问控制是指对登录用户、准入时间以及入网工作站进行控制，主要包括：识别与检验用户名、用户登录口令以及用户账号的缺省限制等。一般而言，用户想要进入网络获取关键资源就必须进行上述三项操作，只要有一项操作错误该用户便应该被排除在外。

2. 网络的权限控制

网络的权限控制是指针对在网络中非法操作的一种网络安全体系保护手段，或者说是保护方式。访问网络的用户和用户组有着访问和操作指定的目录等资源的权限。权限控制是能够控制访问网络服务器的操作者们如何合法进行目录、文件、设备访问，并且还能够限制子级目录从父级目录继承的权限这两部分共同实现，简称受托者指派与继承权限屏蔽。

3. 目录级安全控制

网络中能够对用户访问网络中目录等资源的控制即是目录安全控制。访问网络中的目录、文件资源，有着管理员权限、对文件和目录增删改查权限以及可读可写权限。这八种权限，有效加强网络与服务器被访问时的安全，同时也可以让用户访问服务器资源时得到控制。用户在访问目录或者文件时，权限让用户无法操作根目录以及重要目录和文件，避免以此导致服务器的崩溃，带来不可预料的后果。

4. 属性安全控制

属性安全控制是指拥有管理权限的管理员给目录、文件以及设备设置访问属性。管理员拥有设置目录文件属性权限的这一操作可以让安全更进一步。每个访问网络资源的用户都有其映射的控制表，这张表是用户对网络资源所具有的访问权限。属性控制通常包含了文件的写入数据，复制信息资源、查看修改和删除信息资源中的数据，隐藏文件或者目录，以及共享文件等属性控制。

5. 网络服务器安全控制

用户访问服务器时，是受服务器安全控制的，其实相当于远程操作本地主机一般，同样能够打开文件、目录以及软件，同时也可以安装卸载软件以及删除、增加、修改文件等。但服务器不仅仅存在一个用户访问，这就涉及了服务器的安全，口令的设置可以让服务器控制台被锁定，防止用户非法操作服务器里面的资源，导致服务器数据丢失、残缺甚至崩溃。同时，服务器能够设置登录时间并对非法用户进行检查。

6. 网络检测和锁定控制

网络检测和锁定控制指的是网络管理员拥有检测访问记录、对非法用户进行一定的限制或者将其拉入黑名单等权限，用户进行非法访问后，服务器会有记录，通过信息提醒等手段提醒管理员，非法访问次数过多且访问涉密网络与文件，服务器自动识别记录以及锁定非法用户。

7. 网络端口和节点的安全控制

端口是病毒以及木马主要的入侵手段，端口安全也是网络安全极其重要之一，关闭不必要的端口和不必要的服务、开启防火墙、以及修改重要的端口号，都是有效的安全手段。此外，网络有控制用户端和服务端的方法，用户通过验证自身信息，核对无误后，进入用户端；用户端与服务端相互验证，才能让用户顺利安全访问服务器。

（二）涉密网络地理信息安全访问控制系统的基本架构

1. 涉密地理信息网络安全访问基本流程

涉密地理信息网络对于用户访问网络的步骤如下面流程图所示。用户访问网络时，首先向网络系统发送访问请求信息，网络系统经对用户身份信息核对确认后，允许或拒绝用户登陆访问网络。通过身份信息确认允许访问网络的用户，需认证网络访问权限，以此确定用户为普通用户还是管理员等，如果认证失败，无法进一步访问网络资源。用户经过确认网络权限后，需经过多级访问控制的检查，如果符合，则用户可以对指定的网络资源进行存取、增删改查等操作，否则则无法处理这些资源，结束访问，中断用户请求信息。见下图。

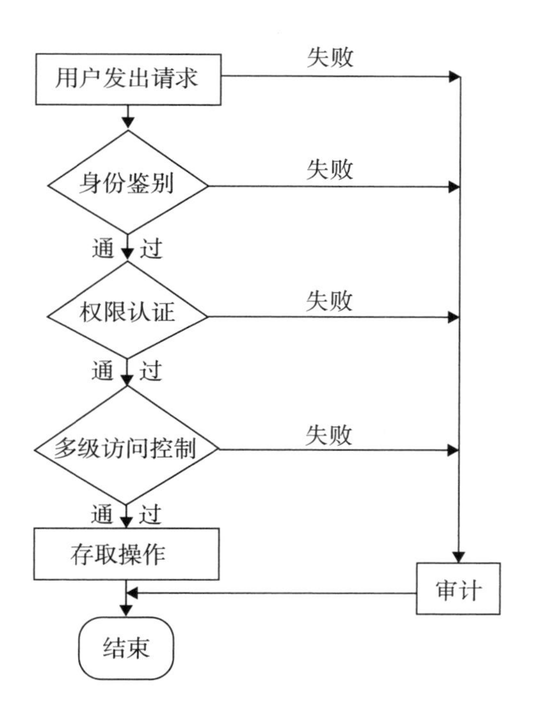

图 5—5 涉密地理信息网络安全访问基本流程图

2. 涉密网络访问控制系统描述

安全访问网络的模型是以安全代理为基准，运用了基于密钥和证书管理技术。密钥验证以及证书的安全为网络提供了安全保密的环境，使涉密信息得以保护，是维护网络安全的有效措施之一。安全访问网络系统由入侵检测、主机与网络访问控制、防病毒、口令、加密、监视、身份认证、日志分析等系统共同组成。涉密网络地理信息访问控制系统的主要构成：

入侵检测系统。入侵检测系统在访问涉密信息文件与目录过程中进行限时监控，一经发现可疑操作与非法访问，及时通知管理员并主动采取锁定非法操作以及限制其访问。入侵检测系统可以部署涉密网络系统进行网段分配，涉密信息内容会被分配至重要网段或者是分配至安全域内，对涉密信息传输过程进行分析，检测传输过程中涉密信息事实数据流，通过这两个方式来发现是否存在非法行为，有效地打击非法用户，建立起增强涉密网络的安全系统。

网络访问控制。局域网也是部署网络安全防线的一个环节，局域网安全要求进行访问控制，交换机为局域网内办公系统分配不同安全级别的子网，使用访问控制的代理软件，让局域网内的不同子网的办公系统得到更加详细的访问控制。同时结合一次性口令这一认证方式来确认局域网内用户的身份信息，做到及时发现事故责任人。

主机访问控制系统。采用主机访问控制系统加强了操作系统的安全，根据涉密信息安全系统的需求来确定操作系统的安全等级，采取相应安全服务等级措施。依照地理信息内部网络系统的访问安全策略，对处理地理信息的关键主机、服务器设置主机进行访问控制。

身份认证系统。身份认证系统是指用户通过使用本地主机访问网络时，要进行身份验证。一般情况下，鉴别访问的主机信息是否正确可以采用以下三种方式：其一是采用密令密码的方式；其二为智能卡等身份证明物品；其三为通过用户本身形体特征来进行验证，如声音、指纹等特征。身份认证系统需要拥有网络设备信息验证、涉密信息平台服务器验证的统一平台、统一账户等功能。

用户口令管理系统。每个用户都有其各自的口令，口令就是用户身份的证明，用户通过口令访问网络时，口令可以指定用户级别、访问的数据级别、权限级别。口令管理是用户访问网络的关键手段，通过口令可以得到审计记录，来保障涉密地理信息不外泄。用户口令系统将主机和网络设备的身份认证统一到网络安全管理中心统一安排，对涉密地理信息网络中的设备和相关软件，如路由器、防火墙、交换机等等都要进行部署认证、授权与审计等操作，确保每个访问网络环节中的每个设备都是安全的。口令管理系统中，访问服务器文件时可以通过证书信息，或者在线为合法用户提供临时证书，来让用户访问网络。

信息传输加密系统。用户访问网络资源时，获取到的信息是经过解密的，发送信息则加密，在信息传输过程中，加密是保证信息安全的重要手段，有效地防止非法用户对信息进行窃取。为了确保涉密网络地理信息系统的安全性应采用 DES 或者 IDEA 技术进行加密。同时，为了确保信息传输过程中的安全，传输中的硬件设施都要增添防火墙和路由器间的加密设备，同时在每一个重要的数据传输网点配备加密的设备。

日志监控系统。在涉密网络地理信息系统中，日志的监控、日志的分析是必要的，它记录与跟踪访问的信息。网络管理员可以通过日志来审查分析涉密信息被访问的行为，可以发现可疑痕迹与漏洞，及时处理解决，进而对所有的设备日志进行集中分析管理。

信息备份系统。数据信息对于网络资源至关重要，如果没有信息数据，网络形同虚设，访问者得不到想要的资源，信息数据提供者损失所有资料，这是严重的后果，所以信息备份是必要的。信息备份系统要求具备恢复数据信息、备份数据信息的功能，以便当入侵或者数据信息被破坏时，可以及时恢复数据，保证网络安全。

防病毒系统。在涉密地理信息网络系统可能发生威胁的病毒攻击点和信息传输通道中，防病毒系统要发挥预防、检测和清除病毒的作用。可以在地理信息系统中的办公操作系统、计算机、各种硬件设施、局域网、内用服务器等等安装杀毒软件，实时更新病毒库，做好每时每刻的防护系统工作，保证网络安全。

（三）构建网络地理信息安全访问控制机制运行的政策体系

针对地理信息网络访问控制政策还处于空白的现状，依据网络访问控制的基本原理，我们应制定如下一系列政策来保障网络地理信息安全访问控制机制的顺畅运行，实现对地理信息内网的安全保障。见下图。

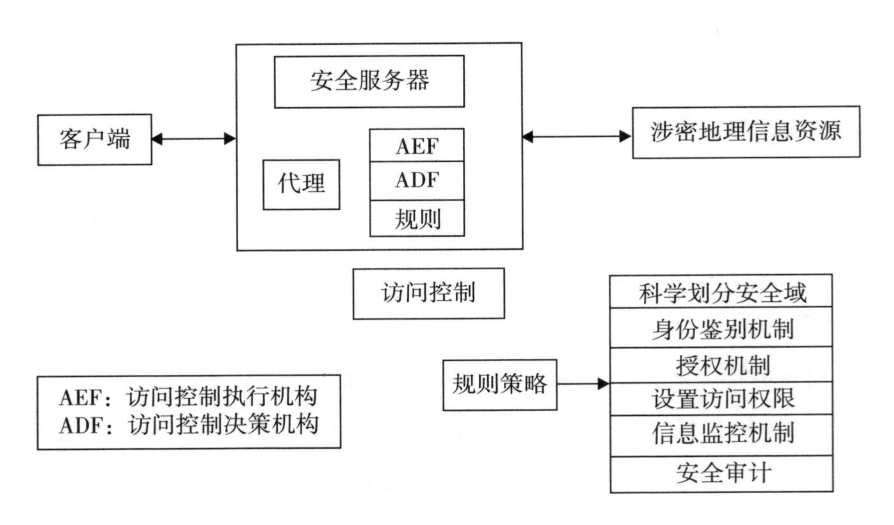

图 5—6　涉密地理信息安全访问控制平台

客户端安全服务器代理 AEFADF 规则策略涉密地理信息资源 AEF：访问控制执行机构 ADF：访问控制决定了访问控制的方式和规则，科学的划分安全域身份鉴别机制安全审计授权机制设置访问权限信息监控机制图 6-6 涉密地理信息安全访问控制平台加密传输通道双向认证。

1. 科学划分安全域

划分安全域，即根据网络地理信息系统互连特性、信息密级、业务特性等因素，将内网地理信息系统划分为不同级别的安全区域，相应级别的安全区域采用相应级别的防护措施。按照涉密程度以及提供的网络功能不同，涉密地理信息可划分为秘密级、机密级、绝密级三个级别，根据这种指导思想，地理信息网络服务及应用可划分为：秘密级应用区、机密级应用区、绝密级管理区。敏感或机密信息（包括语音、视频和数据信息）的区域与网络资源的其他区域隔离，以限制未经授权的用户非法访问敏感或机密信息。安全域要有明确的边界要求，每个区域之间的通信要具有良好的可控性，为了防止出现高密级信息通过高等级安全区域转至低等级安全区域这一现象，一定要制定明确的安全条例或措施。并且针对不同网段的敏感或涉密程度，实行三级访问控制机制，即通过密钥机制保护秘密级信息，通过身份签名机制保护机密级信息，通过涉密人员分权制衡机制保护绝密级信息，做到既保护国家秘密又便于公开服务。

2. 完善身份鉴别机制

身份鉴别机制是指识别和验证终端用户的身份，预防和制止非法用户入侵涉密地理信息内网计算机。主要措施有：（1）采取多种技术手段确保身份鉴别的有效性、唯一性。第一，口令字设置规则。口令字设置以国家机密系统层级为标准，对秘密级信息系统、机密级信息系统以及绝密级信息系统的口令长度以及更换周期进行设置。一般来说，在处理秘密级信息系统时，口令的长度不得少于八位字符串，并且在 30 天内必须对该口令进行更换；在处理机密级信息系统时，口令最小长度为十位字符，且更换周期为七天；而在在处理绝密级信息系统时更为复杂，该口令必须由数字、大小写英文字母或者特殊字符中的两者以上进行组合，并且对口令的存储以及传输必须进行加密处理，同时还要保证其存放载体的物理安全。第二，对于一般涉密信息系统的身份鉴别多采用安全性较高、使用方便的智能卡和口令字相结合的方式。第三，采用安全级别更高的生物特征进行身份鉴别，即运用人的生理特征进行身份鉴别，这种强认证方式的特征决定了在绝密级信息系统的身份鉴别时的有效性，因此，绝密信息系统的身份鉴别应当采用该种认证方式。（2）应该设置涉密网络地理信息系统登录规则。当登录失败达到一定次数时锁定该账号限制其登录，在一定时间内未操作应结束会话，并自动注销该用户，退回登录界面。（3）通过对访问用户设置并分配不同的帐户和初始密码以禁止使用共享帐户和密码。（4）当用户首次登录到秘密网络地理信息系统或操作系统时，用户必须定期修改密码。（5）强制使用密码保护私钥，防止私钥访问未授权。备份的私钥应加密保存。（6）通过安装具有自动识别和主动拦截功能的上网管理控制软件，在该软件中对涉密网计算机与非涉密网计算机进行属性设定，并指定接入网络，防止涉密网计算机通过连接非涉密网计算机接入外网。

2. 科学设置访问权限

科学设置访问权限可从三种访问控制做起，即：强制访问控制、自主访问控制以及角色控制。设置访问控制时必须遵循一定的原则：（1）系统中用户的级别及权限必须明确清晰；（2）对前后台用户实行权限分离，如区分数据库用户和操作系统用户；（3）授权与否决定了在授权范围内有权使用资源或非授权范围内无权使用资源；（4）必须严格控制操作系统重要目录及文件的访问权限。强制访问策略指控制用户或信息类别，一般用在处理秘密级涉密信息系统和机密级涉密信息系统，而访问控制具体到单个用户或单个文件一般运用在绝密级信息涉密系统。

表 5—1　网络地理信息访问权限分配表

安全域	所包含的设备	用户使用原则	网络应用访问原则
非涉密人员	非涉密计算机，只能处理非涉密信息	处理日常非涉密业务，不能处理涉密信息	只能访问非涉密服务区内提供的网络服务及应用
秘密级涉密人员	秘密级内网计算机，只能处理秘密级信息、非涉密信息	供内网秘密级用户使用；即使机密用户使用也不能处理机密级信息	只能访问秘密服务区内提供的网络服务及应用

安全域	所包含的设备	用户使用原则	网络应用访问原则
机密级涉密人员	机密级的计算机，只能处理机密级信息、非涉密信息	供机密级用户使用；即使绝密级用户使用也不能处理绝密级信息	可以访问非涉密服务区、秘密级服务区、机密级服务区内提供的网络服务及应用
绝密级涉密人员	绝密级的计算机，可处理绝密级、机密级、秘密级、非涉密信息	供绝密级涉密人员使用	可以访问非涉密服务区、秘密级服务区、机密级服务区、绝密级服务器区内提供的网络服务及应用

规定安全域、所包含的设备、用户使用原则和网络应用访问原则。非涉密人员只能使用非涉密计算机，只能处理非涉密信息和日常非涉密业务，不能处理涉密信息，只能访问非涉密服务区内提供的网络服务及应用。秘密级涉密人员只能使用秘密级内网计算机，只能处理秘密级信息、非涉密信息，即使机密用户使用也不能处理秘密信息，且只能访问秘密服务区内提供的网络服务及应用。机密级涉密人员只能使用机密级的计算机，只能处理机密级信息、非涉密信息，即使绝密级用户使用也不能处理绝密级信息，可以访问非涉密服务区、秘密级服务区、机密级服务内提供的网络服务及应用。绝密级涉密人员只能使用绝密级计算机，可处理绝密级、机密级、秘密级、非涉密信息，可以访问非涉密服务区、秘密级服务区、机密级服务区、绝密级服务器区内提供的网络服务及应用。

为科学实现权限管理，还应制定如下措施：(1) 应对涉密地理信息网络主机的 IP 地址与 MAC 地址进行绑定；(2) 明确涉密地理信息网络的服务器和端口；(3) 禁止远程拨号访问；(4) 监控网络异常流量，部署入侵检测系统和入侵防御系统；(5) 部署所有互联网接入和隔离区域和内部网络之间的防火墙，以及非服务所需的网络数据过滤；(6) 对于机密文件，采用防拷贝技术，默认设定本机磁盘上凡是此后缀的涉密文件均不可以修改文件的后缀名，防止文件损坏或者泄露，移动存储设备未经授权同意不予拷贝此类文件，防止用户将涉密地理信息文件拷出计算机。

4. 建立涉密网络地理信息系统安全保密管理人员权限制衡机制

涉密网络地理信息系统安全保密管理除了设立相应管理人员，即安全保密管理人员、系统管理员以及安全审计员之外，还应明确区分相应保密人员的权限，做到权限互不干扰，权责分明，相互制约。

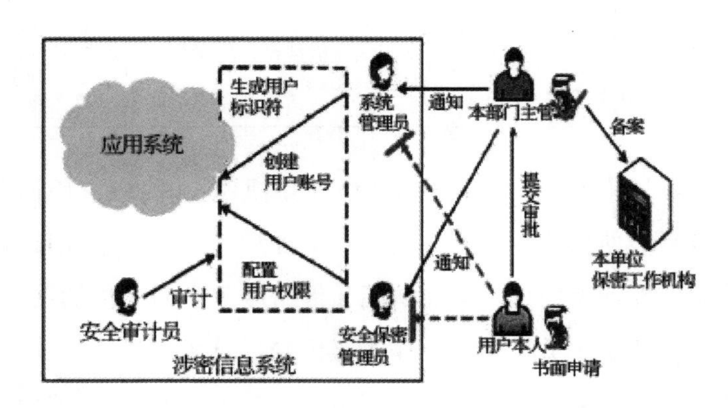

图 5—7　涉密地理信息网络访问授权管理流程图

当用户需要使用机密信息系统时，应首先在本部门提出书面申请。经部门主管批准后，根据实际情况，对系统中的用户权限进行说明，保密部门应保存备案记录。

系统管理员在收到用户的书面申请后，根据系统的主管部门的审批结果和该单位的保密审批，在系统中生成用户的标识符，并在系统中创建一个用户账号。

安全保密管理人员收到用户书面申请后，根据保密办公室审计结果，配置相应的权限，激活账号。在这一点上，可以使用帐户。

当用户的工作或权限发生变化时，主管部门的主管以书面通知安全管理员，并报告该单位的机密办公室记录在案。在收到通知后，安全管理员将根据更改的结果取消用户帐户或调整权限。 安全审计员的主要工作就是审查系统管理员、安全保密管理员操作是否合规，需要定期审查相关操作日志，确保涉密系统新增用户、删除用户以及修改用户权限是经过授权和批准的。

5. 加强涉密网络地理信息的安全审计

审计是一种可以提高网络安全的十分重要的工具，只要用户访问或是使用了该网络系统，那么其所有的活动过程都可以通过审计来进行记录和追踪，并能够实时地指出该系统在如何被访问者使用。由于审计在确定网络问题以及攻击源上扮演着非常重要的角色，所以必须从以下几个方面来进行安全审计的完善。首先，审计工作要全面，要覆盖涉密系统的所有用户，包括操作系统用户以及数据库用户，这里不区分服务器用户和终端用户；其次，为保证获取到的地理信息异常的准确性，审计内容类型应该具有多样性，特别是机密级以上地理信息的使用以及网络系统中其他重要的安全事件；再次，审计记录的事项要到位，审计的主要方面是用来记录，所以应涵盖用户使用的时间、用户标识、操作类型其他相关事件的结果（如下表）；最后，审计中的日志要详细，每位用户的每次活动的记录日志中，都应精确记录访问时间、访问地址、设备、程序和数据等，考虑到日志的保密性和完整性，系统的出错以及系统配置的修改等信息都是日志中必要的内容。

表 5—2　系统审计信息表（D-AUDIT）

Name	Type	Comments
用户标识（ID）	VARCHAR2（20）	登录系统的用户标识
登录时间（TimeLogin）	DATE	登录共享平台的时间
操作类型（Type）	VARCHAR2（20）	用户对安全平台发起的操作类型
操作客体（Object）	VARCHAR2（40）	用户操作的客体对象
退出时间（TimeQuit）	DATE	记录用户退出时间
拒绝原因（FailureReason）	VARCHAR2（100）	用户被拒绝请求访问的原因

6. 强化涉密网络地理信息的日志管理

实现对涉密网络地理信息的访问控制，需要建立涉密网络地理信息的审核制度，对用户的行为进行实时监督、管理，对地理信息系统的工作进行详细的监督和跟踪，并必须保持良好的审计记录和审计日志的习惯。避免遭受未授权的删除、修改或覆盖。为此需要采取一些措施，主要有以下两个方面。一方面须设定访问权限，只有出于工作的需要，得到审批通过的员工才可以访问和查阅日志，只要其中有任何问题出现，高级管理员就有权直接查阅本机的监控日志，并有权进行相关责任的追究和处罚。另一方面须通过加密和解密的方法来确保日志内容的安全，当日志文件需要存储时，应先对信息进行加密操作再存入日志文件中；当日志文件被查看后，为了避免日志的内容经过了他人的修改和删除，此时应采用解密的方式将日志内容进行还原。

三、为网络地理信息商业主体完善准入与退出政策

地理信息产业属于一项高技术服务产业，其核心为地理信息的开发，主要内容有地理信息的获取、信息的处理以及信息的应用。它也可以说是一项综合性产业，它的形成与发展结合了许多现代测绘、信息、计算机、通讯等高科技。它涉及国家安全、公共利益。有基于此，各国政府对地理信息市场都有不同程度和维度上的规制，实行地理信息市场准入制度。在某种意义上，介入地理信息市场的程度合理与否，对于政府而言，直接关系到地理信息市场的完善与发展，关系到国家安全的保障与巩固；而市场准入政策合理与否，对于地理信息商业主体而言，关系到地理信息市场生态环境的公平与健康。复杂的地理信息安全体系，众多的构成要素，使得从总体上保证我国地理信息安全的基本维度就在于，要保证作为“源头”的商业主体准入政策的安全。

商业主体的准入规制包括两种，其一是一般性的主体准入政策。换言之，也就是当主体进入一般性行业并且从事经济活动时，主体须具备的资质条件以及须相应遵守的程序，主要表现为各类工商登记政策。其二是特殊性的主体准入政策，亦即当主体进入特殊性行业并且从事经济活动

时，主体须具备的资质条件以及须遵从的相应程序，主要表现为审批许可政策。网络地理信息安全涉及国民、领土、主权、政治、军事、经济安全等，国家必须采取特殊的相应的市场准入政策以满足这种特殊性。

依据批审内容的不同，商业主体的准入可分成两类。一类是设立审批，就是在主体成立阶段将不具备进入市场资格的主体先淘汰在外，禁止该类主体入内；另一类是经营许可审批，就是已经获得允许成立资格的主体，一定要经过国家的严格审批才可以从事市场的相关经营。网络地理信息商业主体准入属于前者，是指商业主体进入网络地理信息领域之前需要取得网络地理信息服务的资质，才能从事网络地理信息服务活动，否则，不允许从事网络地理信息服务活动。为了使网络地理信息安全得到有效的保障，为了让合格的主体才能进入市场，需要以法制限制或禁止未获得资质的商业主体获取地理信息，而合格的从业主体如何界定是从业主体的市场准入政策需要认真考虑的问题。

《互联网地图服务专业标准》制定了网络地理信息的从业主体准入标准，明确了保密管理、技术管理、质量管理等方面的具体要求。但是，这一专业标准仍然存在保密标准规定不够具体、针对性不强的问题，例如保密管理规定中提到“建立地图数据安全管理制度，配置相应技术设施”、“地图安全审校人员资格认证，必须经过省级或者国家测绘部门考核合格”等要求，但是，对于地图数据安全管理制度的具体内容、安全保障的技术设施、地图安全审校人员考核的标准等等，都没有做出明确具体的规定，导致保密审查缺乏操作性，影响我国地理信息安全。综上所述，必须加紧建立健全网络地理信息安全商业主体准入政策。

（一）明确网络地理信息资质认证的授权主体

授权主体，是代表国家、对于网络地理信息服务准入有管制权限的单位机关。网络地理信息安全与地理信息管理部门以及国家保密部门、信息管理部门紧密相关。建立包括三者的委员会，如网络地理信息规制委员会，对于加强规制，更好地管理资质认证等相关工作，实现服务化、便利化、效率化有重要意义。基于《中华人民共和国保密法》，这个委员会研究制定包含保密和信息技术管理、地图与地理信息服务、网络地理信息人员从业资格等资质认证的等级标准划分和准入具体条件。网络地理信息规制委员会办公室由国家测绘地理信息局领导，国家测绘地理信息局和省级测绘地理信息局是市场准入的授权主体。对于省际间跨地区的资质认证，由国家测绘地理信息局审查、核准与授权；对于单个省内的资质认证，由省级国家测绘地理信息局审查、核准与授权。

（二）规定网络地理信息商业主体资质等级标准和准入条件

我国目前的网络地理信息资质标准和准入条件仅仅针对地图建立，存在过于笼统、缺乏具体针对性和可操作性等问题，建立健全网络地理信息商业主体资质等级标准和准入条件应：

第一，制定《网络地理信息服务专业标准》，界定网络地理信息商业主体进行生产、获取、下载、复制、传播、引用等行为的准入条件。

第二，分类管理网络地理信息商业主体资质认证。为平衡网络地理信息公开与保密，需要调整《互联网地图服务专业标准》基于服务内容的分类方法，选用以保密管理为主要分类标准，区分涉密网络地理信息服务资质认证和非涉密网络地理信息服务资质认证。涉密地理信息商业主体资质认证的主要目标在于保障地理信息安全，有基于此，其等级标准和准入条件应围绕保密这个中心目标，对于地理信息和网络技术的特征予以兼顾。参照绝密、机密、秘密的秘密等级，可以将涉密生产和服务单位的保密资格划分出三个等级。一级为最高级，获此级别资格的单位主要负责绝密级网络地理信息的生产和服务；二级为中等级，获此级别资格的单位主要负责机密级网络地理信息的生产和服务；三级为最低级，获此级别资格的单位主要负责秘密级网络地理信息的生产和服务。取得保密资格的单位组织将列入《涉密网络地理信息生产服务单位保密资格名录》。

第三，应细化网络地理信息从业单位的准入条件。除注册资本等工商许可事项之外，保密管理和信息安全技术的要求也是涉密地理信息商业主体资质等级标准需要的。首先，细化保密管理的要求。一要成立保密工作机构，使保密技术的管理以及机制的执行进一步得到完善；二要相关的机构和认证工作人员提供完善的保密技术服务给客户，满足其需求；三要对工作人员进行系统培训和考核，确保员工对保密技术的系统知识体系的认知和掌握熟练，同时在培训过程中，让员工知道保密的规章制度；四要制定合理的保密制度并确保切实可行，相应的制度有配套的人力资源管理与人员保密控制制度。其次，强化保密技术能力要求。一要建立持证上岗的制度，使拥有网络地理信息从业资格证书的工作人员才可以从事该行业，并规定相关高级专业技术人员占总人数的比例和网络地理信息安全审校人员的比例；二要加强完善开发系统和测试程序体系的建立，为其建立相关的科研基地，派遣从事该的专业研究人员和管理人员，配置相关开发设备。再次，明确网络地理信息安全的业绩条件。一要在设定的年限中完成指定的工作量，要求是近三年内每年要完成的网络地理信息服务项目不能低于一个，而且完成的项目中所采用的安全技术和产品要符合要求，要求技术含量较高且能有效地实施；二要对项目中的安全故障进行审核，要求在近三年内所负责的项目全部通过验察，且没有由承建单位担负责任的严重安全事故；三要在近三年内没有秘密级网络地理信息的泄密事件记录，近六年内没有机密级网络地理信息的泄密事件记录，从业以来从无绝密级网络地理信息的泄密事件记录。最后，明确网络地理信息安全的主体条件。一是中华人民共和国境内（除港澳台），二是企事业单位只能由中国公民、法人、国家的投资，三是持有法人资格须有三年以上（包括三年）的时间，而且没有相关违法记录的存在，四是相关工作人员需要有所限定，必须是境内中国公民。

第四，分类管理网络地理信息从业人员。商业主体要从事涉密网络地理信息服务需要取得涉密资质认证，从事非涉密网络地理信息服务需要取得非涉密资质认证。涉密网络地理信息服务资质必须通过国家组织的一整套完整而严格的保密资格审查、地理信息保密技术培训、政治审查、保密业绩审查等程序。非涉密网络地理信息服务资质认证应该围绕促进地理信息共享开展除保密业绩、数据管理外，在保密要求、保密技术、能力要求、主体要求等维度降低资质和准入门槛，差别化管理从业人员、仪器准备和作业场的准入，促进网络地理信息的公开。分类管理网络地理信息服务，实现网络地理信息共享与保密兼顾，在保证满足网络地理信息安全要求的同时，网络地理信息产业的发展，进而共享地理信息发展，满足人们对网络地理信息的需求。

（三）建立健全网络地理信息从业人员资格认证政策

很多国家地区为了确保地理信息的安全和准确，制定的法规中对从业主体的要求都很高，对从业人员的资格审查这一环节相当重视，不仅要有很高的专业素养，而且还应有较高的职业道德素养。为了保护从事网络地理信息的工作人员安全，国家应该对从事人员实行认证制度，对在网络地理信息相关部门超过一年的工作人员进行考核，要求其通过注册的方式获取相关证书和证明。首先，从事网络地理信息的人员资格考证，需按照一定的制度标准进行，即遵照全国统一大纲、命题、组织及标准。由网络地理信息规制委员会确定报名时间和考试的时间并向社会公示，一般而言，公示的时间需要在报名前三个月，考试时间规定在上半年并开展两次。其次，考试科目、大纲、题库、命题等均由网络地理信息规制委员会负责和组织，同时组织考务工作并制定考试合格标准。另外，负责网络地理信息的相关委员会对省级委员的工作开展情况进行指导、检查与监督。再次，实施网络地理信息从业人员资格考试排除原则。受到刑事处罚或者违反党纪被开除党籍处分者均不准报名参加考试。五年内有泄密的，依法处置。最后，在实行资格认证考核注册制度时，可适当借鉴新加坡的经验，要求从业人员申请资格注册具备以下条件：（1）通过规定的考核，获得相关委员会的颁发的资格证书；（2）通过委员会指定的相关考试与复试，且自身从事网络地理信息工作满一年，达到委员会的要求可申请；（3）通过相关委员会指定的培训，完成网络地理信息的结业考核；（4）通过委员会开展的是否具有任职的专业工作知识与专业技能储备的考试；（5）通过委员会对从业人员的自身品质、动机、政治考核；（6）从业人员与单位签订保密协议，岗位每五年需重新认证，保证从业人员的任职资格并将保密协议制度化。

（四）建立健全网络地理信息服务从业主体的安全信用与备案政策

为保证能够实现对网络地理信息服务主体的长期管理，国家为网络地理信息服务从业人员制定一项主体安全信用政策。网络地理信息服务主体的安全和信用管理是以国家地理信息局的《测绘地理信息市场信用评价标准》基础。但是，信用档案管理的缺失、评价标准的缺乏、安全信用评价的单一主体等问题仍然存在。为了建立一个实时更新的综合信息管理系统，需要做以下几点：首先，根据良好的信用信息评价指标体系和测绘标准制定不良信用信息评价指标体系。建立地理信息市场信用评价体系，制定《网络地面信息服务信用评价标准》。网络地理信息“非法生产行为”、“公开发布、销售、传播、携带和展示互联网地理信息”、“接受泄露行为的相关处罚”和“网络地理专业资格撤销”、“图形信息工作者”被列入不良信用信息评价指标体系的范畴。二是建立信用档案管理系统，形成全国联网和动态更新的从业资格信息管理系统。三是引入第三方组织的跟踪评价机制。网络地理信息从业人员可以收集和鉴定行业协会的服务状况，完善会员档案，监督互联网地理信息从业人员宣传相关信息，发布相关信用档案。评估和评价互联网地理信息从业人员的服务行为。它可以大大降低政府的信用管理成本，促进网络地理信息服务业的自律。

此外，要做到促进信用管理，就必须对网络地理信息服务从业人员也应进行备案管理。属于国家级地理信息局所设立的，应当自从事互联网地理信息服务之日起1个月内向国家保密部门备案。属于省级地理信息部门设立的，应当自从事互联网地理信息服务之日起1个月内向所在地省、自治区、直辖市保密部门备案。备案时，应当填写登记表，并提交互联网地理信息服务单位资质证书。

（五）建立网络地理信息服务市场退出政策

网络地理信息服务管理系统中有清退机制，它是系统中不可缺少的重要组成部分。然而，就目前中国的地理信息安全来看，相关系统和机制却是处于空白状态，这就导致我国的网络地理信息服务市场混乱，对我国的网络地理信息安全造成了严重的威胁。

为了加强网络地理信息的安全监管，保障网络地理信息的安全，应建立良好的诚信不良行为记录和通知体系。还有就是建立部门和行业退出系统：一是对主体的网络地理信息服务资格进行年检和管理，对年度不能达到保密或服务标准的单位实施暂时退出政策；二是对秘密、机密网络地理信息泄露或其他违反行政法的行为执行退出政策；三是网络地理信息服务主体的安全与信用评定为最低水平，如果三年都是最低水平，同样执行退出政策；四是对发生绝密网络地理信息泄密或其他违反刑法的网络地理信息行为实行永久性清退政策；五是监督检查从业主体履行不符合网络地理信息安全标准的服务主动退市并记录停止服务和通知情况，并向社会进行公示，同时要健全退出的程序，增强清退工作透明度和公信力。

四、完善网络地理信息公开行为审批政策

地理信息资源对国家和社会安全、经济建设、国防建设有着基础和战略性的重要作用。涉密测绘地理信息与国家主权、安全、利益息息相关，密不可分，其意义是十分重要的，因此必须对其进行系统保密。在信息技

术快速发展、地理信息使用广泛这两个条件下，使得涉密测绘地理信息面临安全考验。例如，一些测绘地理信息部门不按规定对涉密信息进行存储与传递，保密意识淡，非法获取、提供和买卖涉密测绘地理信息的案件时有发生；境外组织或个人非法窃取我国地理信息的案件频发等。涉密地理信息牵涉国家的安全、安危或重大利益，对其实行保密具有正当性与必要性。但同时必须注意的是，对地理信息的过度保密又将限制人们对地理信息的共享，这将不利于地理信息产业的健康发展。如何做到在保密前提下最大程度地公开，就需要对地理信息的传播与使用实行严格的前置保密审查程序，从而实现“该保密实行严格保密，不该保密的实行全面公开”的目标。因此，要实现保密与共享的有效平衡，必须建立严密的地理信息传播、使用的审批政策。

（一）平衡地理信息保密与共享的审批机制

完善的地理信息传播、使用审批机制，能通过合理、严格的审核，确保涉及国家秘密、商业秘密的地理信息不被公开，从而更为有效地确保国家利益、企业的合法利益。相反，如果地理信息传播、使用审批机制不够完善，则可能增大国家涉密地理信息被泄露的风险，国家安全就将面临严重威胁。地理信息传播、使用审批是为了更好地保护地理信息的安全，它的一项非常重要的任务是使未经审批的地理信息不在媒介上发布并传播，换言之，地理信息传播、使用审批不仅禁止非授权地理信息非法发布，而且禁止非授权人为“获悉”该信息而主动采取的行动，例如破坏信息传播这类行为，这样可以使地理信息既具备可靠性又具备保密性。有了地理信息传播、使用的审批，也就表示此后不管是任何人还是任何单位发布或传播的地理信息，只要没有被有关机关审批，那就均认定为非法的行为。但地理信息也需要实现共享，所以那些凡是受过主管机关审批的地理信息的发布就认为是合法的。通过对地理信息的审批进行控制，这种政策的实施可以达到在信息监控的前提下促进信息共享的目的，从而实现信息保密和共享的有效平衡。可以说，地理信息传播、使用审批机制是保障地理信息安全最重要的手段，也是有效处理信息公开与保密关系的关键。

审批机制是对地理信息安全采取的一种重要的保障工具。基础地理信息是构成地理信息资源的重要组成部分，而且它不同于其它一般的信息产品，它会涉及很多有关国家的秘密和信息的安全。同时地理信息资源也是地理信息安全的核心。对地理信息数据的审批管理是保障地理信息安全的重要手段。通过对地理信息的传播、使用审批这一政策的有效实施，用行政的方式使涉密地理信息的安全性得到提高，可以将其控制在安全的范围内，从而达到可控性这一目的，而且有效地运用审批这项政策，一方面可以为地理信息的日常监督和管理以及非法行为的惩罚确定依据，另一方面在保密安全的前提下，可以使地理信息产业在未来得到更好的发展。总之，审批机制为地理信息的机密性、可靠性和完整性等方面提供了一道安全屏障。

审批机制是计算机时代对地理信息进行防护的一道安全防线。根据近几年的信息数据可知，互联网的信息服务发展是十分迅速的，各种新技术不断更新迭代，使用的地理信息也随之不断增加，在推进国家信息化建设的同时也在这些发展背后隐藏着众多的隐患，其中有很多违法行为出现在互联网上，比如对地理信息的出版销售、展示传播等，很显然这些行为已经严重威胁到国家的安全。如 2007 年，北京市规划委员会根据举报，对一起涉嫌销售密级地形图举报案件开展了调查工作。据调查，有人在 QQ 网和中国测绘论坛等互联网站上公开销售大量涉及秘密、机密级的各种比例尺地形图、影像图等测绘产品，而且覆盖全国，数量巨大。这些违法行为的一个显著特点都是通过互联网在线方式来开展，由于互联网传播信息速度快，影响范围大，所以相较于传统方式来说，对地理信息进行非法探作的行为将会对国家产生更大的影响甚至会对国家构成更加严重的威胁。产生上述问题的原因有很多，主要涉及互联网地理信息传播、使用等行为的审批政策不健全、不严密。因此，保障地理信息安全，必须依赖严密的地理信息传播、使用行为审批政策。

市场准入政策包括主体的市场准入政策和交易对象的市场准入政策两大部分。地理信息交易对象市场准入实质是已经获得地理信息服务资质的主体，也须经主管机关审查批准才能从事某种业务。如果说地理信息从业主体准入（即设立审批）是地理信息安全的第一道防线，那么，网络地理信息传播、使用审批就是保障地理信息安全的第二道防线。

（二）涉密地理信息传播与使用审批的基本原则

第一，传播与使用前保密审查原则。保密审查在整个地理信息传播、使用过程中扮演着一个重要的角色，目的是在信息传播、使用前筛选掉不宜公开的信息，就相当于一个“过滤器”所具有的功能，而想要发挥这一功能，在地理信息传播、使用之前就必须进行保密审查工作，不仅如此，保密审查工作还要实行得很全面，这样才能保证保密审查起到它应有的作用。通常有两种类型的信息可以公开，即主动公开和申请公开。但无论是哪一类信息，在使用或者正式推广时，都应该对信息进行保密审查，这种审查不仅是对拟公开的内容进行审查，还要对标题、附件等一并进行保密审查。

第二，权衡利益的原则。当某些地理信息被公开时，很有可能与社会的公共利益以及私人的利益发生冲突，所以政府要权衡利益，来衡量与判断地理信息是否公开，从而确保它们之间的利益平衡。地理信息安全的利益平衡实质上是地理信息保密权和他人知悉权之间的平衡。国家地理信息所有权属于全体国民，国家为保障地理信息安全必须有足够的理由并经合法程序才可限制公民的知悉权。只有当国家能够证明有更高一级的利益足以对抗公民的知悉权和监督权时，才可以将该地理信息列入国家秘密之列而禁止公众知悉。否则，国家应对公众开放并且国家有义务提供方便公众获取该地理信息的途径。当地理信息关涉国家的秘密时，必须以国家利益和国家安全为主，公民的知情权应当退居其次。

发达国家往往会限制政府的自由裁量权，通常采用详细的对公共事务和公共事务的扩大豁免范围的立法技术清单。例如，美国的信息自由法案提供了一个政府的豁免，包括国家秘密和执法文书，特别是国家机密。法院给予更高的保护由于信息的披露会直接危害公共安全和利益，但即便如此，政府不能免除所有的理由，如国家安全型信息披露。可以看出，在美国，只要信息不是豁免公开，行政机关无权支配，一旦开放申请，如果申请人被拒绝，申请人可以启动法律救济程序问题行政长官公共。在地理信息不涉及到国家安全和机密性信息。对于国家秘密，它的地位是最重要的，它是唯一的例外，需要法律规定，不是让太多的自由裁量权的行政机关，以避免权力的滥用，妨碍公共和共享地理信息。

第三，“以公开为原则，以不公开为例外”的公开原则。只有在以“公开为原则，不公开为例外”这一准则下，来建立起严密谨慎、环环相扣、完备完善的针对地理信息的保密体系，此外，保密审查机制也要严格执行，才能保证绝大多数地理信息得到公开，并起到制约和平衡共享与保密之间界限的作用。

为了规范互联网地理信息服务行为，近几年国家相关部委出相继出台了《关于加强互联网地图》、《地图审核管理规定》、《中华人民共和国地图编制出版管理条例》、《互联网信息服务管理办法》、《互联网出版管理暂行规定》、《地图审核管理办法》、《基础地理信息公开表示内容的规定（试行）》、《关于加强互联网地图和地理信息服务网站监管的意见》、《关于加强互联网地图管理工作的通知》等一系列规范性文件。虽然它们有力地保护了地理信息的安全、国家安全和国家利益，使其在很大程度上免受侵害，但是还有很多违法行为出现在互联网上，比如对地理信息的出版销售、展示传播等，很显然这些行为已经严重威胁着国家的安全。产生上述问题的原因有很多，主要涉及互联网地理信息传播、使用等行为的审批政策不健全、不严密，如前所述，主要表现为：一是现有政策法规难以规范网络地理信息行为的交易传播行为，如现有政策只针对互联网地图的公布作出了规制，但关于在互联网上对地理信息的描述、传播等缺乏有效的制约；二是没有明确的保密审查标准，使得一些网络地理信息的传播内容没有很好地受到保密审查；三是对于违规公开网络地理信息的行为没有清晰的惩罚规则，难以实现有效的处罚；四是关于网络地理信息公开行为审批的问责规定不健全，影响了政策法规的有效执行；五是关于网络地理信息公开行为救济机制缺失，常常导致保密过紧，共享不足。

（三）制定网络地理信息公开行为审批政策的具体措施

为了保障网络地理信息安全，必须从完善现有政策法规的薄弱环节入手，建构更为严密的网络地理信息公开行为审批政策，具体来说，可以通过以下措施来达到目标。

第一，进一步科学界定网络地理信息服务的许可主体。我国针对网络信息安全制定的法案中指出，提供网络地理信息安全服务需得到地理信息保密部门、国务的新闻出版部门以及相关信息主管部门等等多个部门的许可。正如《地图审核管理规定》中第三条规定，全国各地的地图审核工作均统一由国务院测绘行政部门负责，进行专门的监督和管理。《关于加强互联网地图和地理信息服务网站监管的意见》指出，从事互联网地图编制、登载、出版以及互联网地图和地理信息服务等活动，必须经有关部门审核、审批以及许可。但在实际的实施过程中，这种多头审批的工作流程不但没有使服务的成本降低，反而在整体上降低了工作效率，给网络地理信息安全的审核工作带来了一定的阻碍。为了解决这种弊端，应设立一套完整的部门体系来进行一系列信息服务的审批，这一个网络地理信息部门体系应该有管理部门，国家安全、保密部门，信息、出版管理部门等。同时，应将该地理信息规制委员会设立在国家地理信息局内部，从而提高审批工作效率，保障地理信息服务安全，实现地理信息共享。

第二，完善网络地理信息公开行为的内容审查机制。针对现有政策保密审查的内容不具体、操作性不强等问题，完善网络地理信息公开行为的内容审查机制须从以下几个方面着手：通过参考其他相关规定的优点，比如根据《公开地图内容表示补充规定（试行)》里面的内容，让负责地理信息安全的相关上级部门对网络地理信息服务内容公开的相关规定进行策划和制定，还需要对制定网络地理信息的委员会下级审查部门进行网络地理信息的部署和级别划分，做好审查地理信息服务内容这一项工作。

“以公开为原则，以不公开为例外”的准则是必须要执行的，因为地理信息中涉及国家机密的信息只占很小的一部分，像这类涉及国家安全和商业机密的信息仅算作例外，所以绝大多数的信息都要以公开为原则。但这并不是说行政机关对地理信息的公开就有过多的权利，为了防止行政机关滥用职权从而给地理信息的共享带来不良影响，信息的公开必须要经过法律的明确规定。只有在坚持“公开为原则，不公开为例外”的准则下制定严密、完备的网络地理信息保密体系，严格执行保密审查机制，才能保证绝大多数地理信息得到公开，并且可以在共享和保密之间发挥制约和平衡的效果。要加大力度落实保密审查标准，保密审查标准的确立是保障审查有效性的前提条件。网络地理信息内容审查机构对互联网地理信息服务内容、人员资质等进行审核检查。是任何单位和人员对未经过保密审查的地理信息进行公开、传播和集成等操作，都将视为违法行为。

加大对地理信息内容的审查力度。网络地理信息安全有很多特点，要根据这些特点，以新的《保密法》、《测绘管理工作国家秘密范围的规定》为指导，使保密审查标准更深层次地得到明确，即是否具有敏感地理信息。主要体现为：(1）公开或泄露会给国家安全、领土主权以及民族尊严带来损失和伤害威胁的；(2）公开或泄露会威胁国家部署的战略安全或者涉及军事方面和武器方面的信息；(3）公开或泄露会威胁国家的安全设施和警卫目标安全的；(4）公开或泄露会威胁到国家秘密措施的行为，增加风险甚至会导致措施失效的；(5）公开或泄露会威胁到国家重要工程安全和军事设施的；(6）公开或泄露会损害国家的政治、经济利益的；(7）公开或泄露会影响国家科技安全的；(8）公开或泄露会制造民族纠纷，煽动民族分裂的；(9）可能引起国际纠纷的；(10）法律、法规规定不得对其他的地理信息进行公开登载和传播的。若对于信息的内容不能十分明确是不是归类为国家、工作秘密和内部敏感信息的，理应上报给网络地理信息规定委员会，使其对地理信息进行审查，通过批准后才能够发布该信息。

加大对是否拥有保密资格的审核力度。要求相关部门人员对使用涉密网络地理信息的从业主体的资质认证进行严格审查，以及需要审查从业人员是否已经获得网络地理信息服务资格证书。

进一步加强保密技术审查就需要严格规定任何不相干单位和个体不得使用地理信息和保密处理技术开展活动。保密技术审查内容主要包括：基础地理信息及相关要素的空间位置精度是否符合保密要求；互联网地理信息服务单位的域名、IP 地址管理、互联网地图数据及浏览软件是否符合保密要求；涉密地图数据解密处理的技术方法（包括参数及算法等）及其相应的软件程序是否符合保密要求；涉密地理信息是否通过了有效的信息伪装、数字水印、信息隐藏、防火墙、恶意代码分析等保护。

加强和完善网络地理信息从传播、备案处理和登记管理三方面入手。备案是行政许可后监督的一项重要举措，它的加强可以让网络地理信息得以控制，非法使用者会被限制且无法使用网络地理信息，对于维护国家安全、维护民族尊严、国家主权和促进网络世界健康发展都有着重要作用。国家测绘局制定了《关于加强地图备案工作的通知》，根据这一通知，可以对网络地理信息的发行、传播、备案管理进一步细分归纳：一是对经批准发布的网络地理信息进行登记，通过发布日志记录发布地理信息的部门单位、责任人、时间、审批人、发布范围等信息，做到有据可查。二是网络地理信息服务审核批准书和保密审核的记录应在地理信息主管部门备案。保密审核的文档应该包括标题、文号或内容摘要的审核信息表；不允许公开的保密审核依据证明；保密审核的结果或审核意见；保密审核承办人的签名、日期；保密部门责任人的签名和日期。提供地理信息需一式两份，并提交有单位印章的备案清单一式两份。三是使用公用帐号的注册者的帐号应到地理信息内容审查机构登记，用户帐号不得转借、转让。四是网络地理信息服务单位，必须自获得资格起三十天内到所在地的省、自治区、直辖市相关政府部门进行备案手续办理。五是互联网地图编制单位负责报送互联网地理数据备案，备案内容包括：最初发布和更新增加的地理信息数据、与在线地理信息显示效果一致的浏览软件，以及包含敏感点名称、敏感点数据。六是拥有分辨率高于 10 米的卫星遥感摄像的销售商或者举行活动的机构必须向当地网络地理信息安全部门进行登记，由相关部门人员提供登记材料，让活动机构填写摄像范围、用途、机构自身相关信息等等，并由省级部门确认许可。

加强账号管理能力，网络地理信息服务应当具有账号实名制功能，使用地理信息服务的用户需经过身份认证无误后，才能成功注册账号，并成功登录后才能取得互联网提供的地理信息。未经允许的公众账号无法发布地理信息；即时通信工具服务提供者应当对可以发布或转载地理信息的公众账号加注标识。

建立能够自审和送审的体系程序。网络地理信息要经过几个程序：保密审核、自审、送审、逐级审查。这几个程序让审查效率大大提高。各主体建立安全部门，该部门初始审核互联网中的公开地理信息是否涉密和允许公开，然后提交相关材料进行最后的审核，审核无误后要分级管理人签名，并填写《上网信息保密审查签发单》。对于对拟公开地理信息是否涉及国家秘密的确定依据不明确或者有争议的，应在从业主体的自审材料中自行备注。经过自审后，再提交至当地网络地理信息安全机构进行二次审查，这样做的目的不仅是让信息安全得到二次保证，也提高了工作效率，让各环节流畅性大大提高。

第三，加强完善网络地理信息违规公开行为的处罚机制。如前所述，网络地理信息违规公开行为的惩处制度存在执行主体不明、权责不协调、相关法律责任不明确等问题，为达到相应的处罚力度，应从以下方面加强完善违反网络地理信息安全公开行为的处罚机制：一是建立有关部门，如保密部、安全部、公安部以及信息部等等部门构成一系列执法机构，协调和处理网络地理信息安全方面运作，比如要对违法者实施行政拘留的行政处罚，地理信息管理部门没有这种处罚权，只有安全部门、公安部门才有权实施。二是对于违反信息安全的情形根据具体行为判定具体法律责任，增强处罚的实在、公正性。比如非法公开地理信息，尚未对国家安全构成损害的，明文责令并禁止其违法行为，违法所得的一切全部没收，且相应处罚所得金额的一到两倍；非法公开地理信息，对国家安全已构成损害的，明文责令其停止所有业务或者降低资质等级；情节严重者，吊销其资质许可证书，并责令停止相关活动；构成违法犯罪者，依据相关规定追究其刑事责任。同时，规定非法公开的具体情形：（1）在社会公众平台上公布未经允许的地理信息数据；（2）擅自公布重要地理信息数据；（3）擅自在互联网上出版、登载、销售、传播和展示地理信息的活动；（4）未经允许自作主张地卸载、修改涉密网络地理系统的相关安全技术程序和管理程序。三是建立网络安全信息宣传机制，通过多媒体、广播、新媒体等宣传违法案例以及相关处罚，让广大民众了解网络安全的重要性以及违反网络安全的危害。让民众知道国家的重要场所是不可泄露的，一经泄露，带来的安全隐患是极大的，让民众知道国家利益与民众自身利益息息相关。

第四，加强并完善对网络地理信息的公开行为进行审批的问责机制。保障网络地理信息公开行为的安全性和审批工作人员的工作成效意义重大，必须建立严密的网络地理信息公开行为审批的行政问责制。一般来说，有效的行政问责制应当包括五个方面：（1）明确的问责主体及其权责；（2）明确的问责客体；（3）明确的问责事由与问责基准；（4）明确的责任体系；（5）规范的问责程序。对于现有的地理信息公开行为进行审批存在不合理、不规范、不科学等问题，必须加紧步伐完善问责机制，让地理信息安全性得到保障。要做到加强问责机制，需从下面几点做起：一是设立相关部门的每个单位负责人，可以建立纪检、人大、保密还有检查等相关部门的问责机制，协调各部门做好保密工作，不断完善问责机制的流程，从而加强问责机制的有效性和时效性，并依法追究违法行为。二是制定相关问责标准，制定明确统一且具有操作性的行为准则。问责事故首先监督有关部门，防止滥用职权，其次不符合法律规定的受理必须否定，在内容技术与信息保密技术审计查阅过程中出现错误、没按照要求进行审计检查、对不符合标准发放许可证明、未妥善保管信息安全资料或无备案样本等等应追究其法律责任。同时，对违法行为坚决打击，根据其情节处分，需制定详细规定，为问责主体提供法律依据。三是问责客体需要严格执行“谁审核谁负责”的这一要求，根据负责人不同划分主次与直接、间接责任。四是做到责任与问责标准之间的交互衔接。五是要求问责程序必须符合规范。目前，地理信息公开行为审批的问责规定存在三大问题，分别是主体缺乏科学性、基准缺乏明确性以及责任边界模糊性，因此，必须从以下几个方面加强并完善网络地理信息公开行为审批的问责机制。首先，建立问责联席会议制度，确立检察机关、纪检委、人大以及保密机构与部门的相关监督检查责任，加强沟通与合作，强化问责与信息反馈；其次，遵守对待问责客体“谁审核，谁负责”的原则，并依据该原则对主次责任、直接与间接责任进行划分；再次，保证问责标准与责任承担的有效衔接，即依据问责标准对不同层级中使国家安全遭受损害的相关人员给予不同程度的处分；最后，确立明确统一、具有可操作性的问责标准和问责事由，如：在审核工作中增设审批条件等。同时，应具体明确规定对于“情节严重”问题、“构成犯罪”情形、“处分”的具体标准和量刑准则，使问责主体和法院在审理有关国家秘密案件时有法可依。

第五，建立健全网络地理信息保密救济机制。我国目前保密救济制度还不成熟，判断是否侵犯秘密主要还是以秘密主体自我界定为主。一方面，这是因为没有明确的法律法规对秘密本身作出判断，对保密争议也只是侧重对窃取和泄露秘密行为的惩处。例如，《国家测绘局行政复议和行政应诉办法》没有将保密救济纳入保护范围之中。《刑法》虽然规定了窃取国家机密的罪责，但并不界定什么是国家机密，也没有规定保密争议发生后应有的救济权利。另一方面，现有的保密法规定，保密主体有权利限定秘密合法的流传范围，即哪些人、哪些机关、哪些单位有权接触该项秘密，但是却没有赋予法官相应的知情权，当法院受理涉及泄密的案件时，法官实际上无权得知国家秘密的真实内容。真正饱满的权利应当包含救济的权利。所以建立健全网络地理信息保密救济机制可采取如下措施。

（1）引入行政复议办法。因秘密、机密、绝密而产生的复议分别由不同层级的网络地理信息规制委员会负责。层级越高的网络地理信息规制委员会负责等级越高的秘密复议工作。此外，为了防止秘密被更多人知悉，复议一般采用书面审理的方式，要求被申请机关以书面的形式递交相关证明材料，复议机关按照国家相关法律规定判断是否符合定密要求，若符合定密要求还应对秘密进行定级。

（2）引入行政应诉办法。立法确认并赋予法官在相关案件中相应的国家秘密知情权和司法审查权是引入行政应诉办法的前提。设立基层、中级、高级管辖法院，当法院受理泄密案件时，一般以书面形式审理，不公开审理，但裁决结果必须公开，同时不得涉及国家秘密的具体内容。

第六，完善保密技术保障机制。保密与共享是网络地理信息公开行为应处理好的一对关键矛盾。公开行为放开一点，则有利于促进共享，却给保密增加风险，反之相反。如何实现在保密的前提下最大限度地促进共享，我们可以运用好两项技术。一是信息隐藏技术。信息隐藏是将一个信息隐藏在另一个信息当中。在网络地理信息公开使用时，为了确保敏感信息或涉密信息不泄露的前提下使网络地理信息得到最大程度的共享和使用，这时可以运用信息隐藏技术，把那些地理信息隐藏起来，比如军事信息、重要国家机关信息、重要基础设施信息等（这些信息只能由少数授权用户才可以看到，而对于普通用户则需要保密），使普通公众既能看到不涉密的地理信息，维持了普通信息的本质特征和使用价值，又能保障涉密信息不被泄露。二是信息伪装技术。为了最大程度地实现网络地理信息的共享与保密的平衡（既实现了地理信息的共享，又保证了地理信息不被泄露），信息伪装技术正好满足这一要求。信息伪装就是将保密信息伪装成普通的数字媒体信息，如图像、声音、视频等。由于真实的保密信息隐藏在普通的信息内容之间，使得从外观形式上无法判断是否是保密信息，实现在不泄密的前提下进行共享。

五、建立健全网络地理信息泄密预警与应急控制政策

网络地理信息从业主体准入和网络地理信息公开行为的审批政策为网路地理信息安全构筑了两道防线，但是，仍然可能会存在一些粗心大意或别有用心的地理信息服务主体在互联网上违法公开涉密地理信息，这时，保障地理信息安全的第三道防线就是网络地理信息泄密预警与应急控制政策。但是，在现有的地理信息政策法规中，地理信息泄密预警与应急相关政策几乎处于空白。最新修改后的保密法，规定了移动服务网络运营和服务商的责任，要求提供监督报告，但由于保密这一工作对技术要求高、专业性强，网络运营商和服务商往往不够专业和敏感，导致网络泄密事件时有发生。

从传统的纸介质转变到互联网在线方式，地理信息传播速度快，聚合性、隐蔽性强，泄密事件往往难在事前发现，而一旦发生，则损害已成事实。因此，要针对网络地理信息泄密预警与应急政策处于空窗期，大力建设泄密告警、应急控制、风险评测等机制，形成周全的防护体系，提高主动管理、超前管理、预警管理的能力，增强防泄密反窃密的预见性，防患于未然，减少泄密事件的发生，提高保密管理的成效。

（一）什么是泄密预警与应急机制

泄密预警机制是指机构通过涉密人员管理、网络信息审查、异常行为排查等手段，能快速、正确地发现泄密事件发生的前兆及相关隐患，及时在泄密事件发生前发出预警。应急机制得到预警信息后，立即采取事先制定好的应急措施制止泄密事件发生。

泄密预警与应急机制的关键点在于“早发现——早反应——早制止”。

早点发现泄密预兆，早点反馈预警信息，及早处理异常事件能从一开始就掌握泄密防护的主动权，防患于未然，给保密管理工作带来了十足的成效。

构建泄密预警与应急机制，可主动应对以下各种网络地理信息泄密隐患，从而大幅度降低网络地理信息泄密事件的发生率。

渠道性失控。如缺乏举报渠道或者举报渠道不够便利，导致知情人无法及时反馈泄密预兆；或针对网络设备终端缺乏监控渠道；或相关人员未对预兆和隐患足够重视，没有及时反馈给有关部门，导致泄密预兆变为现实，并可能由于疏忽导致损失越来越大。

机制性失控。主要指由于网络地理信息安全的常态监控机制缺失，尚未建立网络地理信息安全风险评估指标体系，未能及时对网络地理信息安全隐患预先监测与预警，结果导致泄密事件的发生甚至是损害国家的安全。

管理性失控。一方面指因管理问题造成的隐患。有关部门或者单位不积极配合保密宣传、教育培训、监督管理和检查整改等措施的执行而导致隐患的产生。另一方面指隐患产生后因管理不当对泄密事件反应迟缓，响应迟钝。甚至少数单位不重视保密工作，怕麻烦，放松对互联网地理信息的监控，擅自取消或变更一些保密管理规定造成的泄密隐患。

（二）泄密预警与应急机制的基本架构

1. 模型描述

为防止失控，可以建立由外部预警信息来源层、内外网监管平台层、应急决策处理层等形成的模型，称为“泄密预警与应急基本架构模型”。该模型通过扩大泄密预警渠道，提高应急处理速度，充分运用技术监管，以流程式服务高效率、最大程度地保障网络地理信息的安全。

外部预警信息来源层。运用了现代化智能模式与人工相辅而成的方法，增加线上举报渠道，结合公众举报的多途径、快速方便，增加了监督的力度、收集整理线下信件、事件的报告、电话、来访，以及线上网站、论坛、电子邮件等多种信息接收渠道，积极运用人民群众的力量，调动相关工作人员的积极性。增强防泄密和反窃密的预见性。

内外网监管平台层。该层依托互联网违规外联监管平台，由互联网地理信息日常监控机构对网络地理信息进行日常监控，针对网络运行中的地理信息违规行为，实时告警并予以阻断，保障地理信息出版、发布、复制、传播、传输、下载、引用的非涉密性、完整性和抗抵赖性。

应急决策处理层。对外部预警信息来源层反馈来的网络涉密地理预警信息进行筛选、鉴别、上报决策中心。决策中心接到预处理后的信息，制定好应急措施并安排专人负责执行，保证应急迅速、积极、准确。

2. 模型功能

泄密预警、应急机制采用以“预防为主、过程监控”的方式，核心是预警信息的产生、处理过程。利用计算机网络技术将地理信息监控、监管、应急处理体系融为一体，在此基础上能及时发现异常情况实时发出预告和示警，方便及时作出应急反应。

综上所述，泄密预警与应急机制应具备以下功能。

报警、提醒功能。预警信息有两种来源，一种是外部预警信息来源层提供外部预警信息；另一种是通过实时监控系统，对网络地理信息安全进行风险评估，提供互联网预警信息。当收到预警信息后及时报警、提醒。

防范和规范功能。有一个著名的实验：美国一个含括了经济、军事、政治等方面专家教授的团体对政府公开资料，包括领导讲话记录、会议记录、研究论文、制度文献等资料进行专业研究解析，两到三周内对美国的国防力量有大概的估测与准确判断。通过对预警信息进行预处理分析和决策分析，有目的地进行针对性监督、对信息进行整合分析，从而减少泄密事故的发生。

限制功能。是指应急部门采用了“预警措施”，并组织起“保密警戒线”，规范网络地理信息服务主体在互联网上的出版、销售、传播、登载和展示行为，防止违规操作；通过制定相关规则制度，明确保密岗位职责，规范执法岗位行为。

教育功能。对历史泄密事件进行总结整合和分析，得出结论并以预防方式进行宣传教育，对相关对象和领域进行大力度教育培训，做到力度到位，把握分寸，让教育效果最大化。

决策和计划功能。通过对预警信息进行处理分析和决策分析，可以明确网络地理信息安全工作的要点，为安全工作提供合理的计划。

（三）网络地理信息泄密预警与应急机制的构建

网络地理信息泄密预警和应急机制的建立以参考架构搭建为基准，然后在这一基础上使已有的私密网络形成脉络体系，最后完善政策支撑作为血肉，构建一个完整、有活力与灵魂的循环结构。

1. 外部预警的信息来源层建设

举报渠道搭建。可以在报纸、电视、广播、网站等主要媒体上公布专用的举报电话和邮箱，设立举报专题栏目，并对提供有用信息的单位和人员给予一定的嘉奖。

审查渠道建设。由网络地理信息保密审查机构负责对大众提供的信息进行前期的甄别和专业审查分析，定期排查官方网站、公共服务网站等，加强线上泄密防范，对有重大泄密预兆的设立专项检查，根据检查结果编写审查报告。

监控渠道建设。将网络地理信息监控系统与网络报警系统相结合，并部署在主要涉密活动场所。

其他渠道建设。除了以上渠道以外，应当结合当地实际情况，从创新实用出发开拓新的信息来源渠道。

2. 网络地理信息监管平台层的建设

网络地理信息内容生产、加工、传输、下载、复制、引用，全部通过地理信息电子政务外网门户网站上的信息管理平台进行管理，确保信息安全。通过将预警服务器、监控服务器等硬件和互联网传输封堵技术、互联网涉密信息智能搜索和甄别技术等技术相结合，形成网络地理信息监管平台，在省市两级涉密网络搭建使用。对涉及地理信息的官方网站、公共服务网站等所有终端涉密违规行为进行监管，达到发现异常自动报警、并及时阻断网络信息传输的目标。省级使用的监管平台主要负责监查管理省际网络、省级横向网络以及省市纵向网络中发生的涉密违规行为，市级监管平台主要负责监查管理市本级、县级以及市县纵向网络的泄密违规行为。

3. 应急决策处理层的建设

预处理中心建设。预处理中心由多个部门组成，包括信息工业、地理信息、保密、安全、公安等部门。预处理中心主要工作是制定关于内外部预警信息的抓取、鉴别和分析如何处理的初步方案，然后交予决策部门进行进一步处理。并且还要继续跟进汇报。

决策中心建设。决策中心由指定的网络地理信息委员会上级领导和专家组成，对预处理中心所上交的报告方案进行分析和检查评估，最终得出最优策略，做出最好的选择，并下发指示。

机动应急队伍建设。机动应急队伍由信息工业、地理信息、保密、安全、公安等部门成员组成，对泄密隐患做出应急处置。

（四）构建保障网络地理信息泄密预警与应急机制运行的政策体系

1. 实施举报奖励机制

通过建构举报通道，实施奖励机制，调动群众的积极性，引导激励涉密人员、公民和相关当事人对存在的地理信息泄密隐患进行上报，从而拓宽外部于信息来源渠道。

2. 实行网络地理信息监控机制

第一，明确网络地理信息保密审查机构的职责，即负责日常网络的巡视与检查。第二，建立涉密网络地理信息涉密关键词数据库，保障涉密信息智能搜索和甄别技术的有效运用。第三，强化网页涉密地理信息内容管理。内容管理即管理网上需要发布的各种信息。建立基于内容审查过滤的网络监控系统，启用或停止应用代理模块、配置访问控制和内容过滤策略数据库，达到根据内容过滤规则数据库中的配置信息过滤传输内容的目标。具体原理是，从图文中提取和识别文字部分，将该文字的内容与禁止传播的内容进行匹配，当匹配结果一致时，就对该图文就行拦截，记录并封锁该网址。依据该系统，也可以对视频中播放的画面进行抓屏或对视频中伴随的伴音进行语音处理，看是否有匹配要查禁的内容。另外，该系统还可以通过信息内容分析上的计算机技术表达和提取图像的视觉特征，从图像的颜色、纹理及形状等多维度进行索引，从而对图像的内容进行识别。第四，建立健全网络地理信息日常管理规定。一是加强对网络地理信息的监听监看，监督从业主体是否遵守公开行为审查制度和技术设备操作规范；二是从事网络地理信息服务的安全责任单位应当使用地理信息电子政务外网门户网站上的信息管理平台提供互联网地理信息服务；三是一经发现互联网中的地理信息中有涉密内容的，必须立即启用相关处理程序，做到消除或者制止涉密内容的传播、下载等公开行为，做好相关记录，向有关部门进行汇报；四是制定完善的日常监控方案和工作流程，报保密部门、国家安全部门备案；五是对主要网站进行监听监看，对设备运行状态进行监控，及时发现并处置异常公开行为。第五，建立分级监管制度。分级管理制度是依据发布地理信息的网站信用等级对其进行管理的制度。地理信息网站的信用等级根据有无不良信息记录进行划分，并且依据信用等级规定审查时间间隔长度。具体而言，对无不良记录，表现良好的网站即 A 级网站每月审查一次；对有不良记录的网站即 B 级网站每周审查一次。第六，强制推行互联网安全监管技术。各级测绘地理信息行政主管部门运用先进的计算机信息搜索和甄别技术，实现对互联网上的涉密地理信息实行动态的监管。主要包括涉密地理信息互联网上传封堵技术和互联网涉密地理信息智能搜索和甄别技术。涉密地理信息互联网传输封堵技术，指通过强制中国境内地理信息服务网站和地理信息采集、处理、传播装备安装专门软件阻止中国境内的组织和个人通过互联网传输涉密地理信息。互联网涉密地理信息智能搜索和甄别技术，是指根据事先设定的地理位置精度和属性范围，通过网络自动搜索、筛选、甄别涉密地理信息的技术。第七，在秘密有效期内对涉密人员的网络行为进行严格的管控，以防涉密人员在访问网络时故意或者无意地泄露秘密，特殊时期甚至可以禁止涉密人员接触网络，或者对其网络行为的内容进行严格限定等。

3. 建立网络地理信息泄密隐患危害评估体系

网络地理信息安全是一个具有巨大复杂性、巨大关联性和应用高度集成协同的系统工程，评价指标应能从各个侧面较完整地反映网络地理信息安全的风险，确立包括人员、组织、物理环境、信息机密性和完整性、系统应用、通信操作、网络基础设施等七个方面网络地理信息安全评价指标体系，并且分别为每个方面设定对应的评价指标，通过科学设置权重对网络地理信息安全作出科学评估，及时启动预警与应急机制。

表 5—3　网络地理信息安全风险综合评价指标体系

目标层	子目标层	指标层
网络地理信息安全风险评估	人员风险（U1）	（11u）人员安全管理制度
		（12u）人员岗位安全职责
		（13u）人员技术能力
		（14u）人员安全教育、培训和意识提升
		（15u）人员监控与审计

目标层	子目标层	指标层
网络地理信息安全风险评估	物理环境风险（U2）	（21u）物理访问控制策略
		（22u）物理设施防盗、防火、防水、防雷设施
		（23u）温湿度控制
		（24u）备用工作站点
		（25u）电源安全
	信息的完整性风险（U3）	（31u）完整性策略
		（32u）地理信息资产分类
		（33u）用户访问身份鉴别
		（34u）用户访问权限授权
		（35u）加密（存储加密）
		（36u）数据备份
	系统风险（U4）	（41u）操作系统访问控制
		（42u）操作系统日志审计
		（43u）数据库系统访问控制
		（44u）数据库系统日志审计
		（45u）应用系统访问控制
		（46u）应用系统日志审计
	通信操作风险（U5）	（51u）安全分区
		（52u）网络隔离和访问控制
		（53u）防火墙访问控制和审计
		（54u）通讯加密（VPN）
		（55u）防恶意软件
		（56u）入侵检测访问控制审计
		（57u）密钥管理
		（58u）介质安全
		（59u）文档记录
	网络基础设施风险（U6）	（61u）线路安全
		（62u）计算机安全
		（63u）网络设备安全
		（64u）文档记录

目标层	子目标层	指标层
网络地理信息安全风险评估	信息的涉密性风险（U7）	（71u）关键词涉密
		（72u）图片地图涉密
		（73u）语音涉密
		（74u）段落内容涉密
		（75u）地图涉密

4. 建立网络地理信息泄密突发事件分级应急机制

依据涉密等级，突发事件级别分为一级（涉嫌绝密泄密）、二级（涉嫌机密泄密）、三级（涉嫌秘密泄密）。网络地理信息主管部门依据事件的风险级别进行分级管理。当发出三级预警后，应急处理中心应当及时启动相关应急预案并采取措施对突发事件进行实时监测、预报，同时，组织相关机构、人员对突发事件进行分析和预测。定时向决策中心、上级应急处理中心和本级政府汇报有关突发事件预测信息和分析评估结果。及时按照有关规定向从业主体发出警告，要求立即关闭泄密内容网页窗口并进行整改。发布一级、二级预警后，预处理中心须采取三级预警的应对方法，同时还应当对将要发生的突发性事件的特征和可能造成的隐患与危害，及时采取系列措施。首先向从业主体发出警告，要求立即关闭泄密内容网站并接受保密审查，并调集应急救援所需设备、软件，并确保审查机制随时投入运作；同时命令应急救援队伍及相关工作人员处于紧急待命状态，要求后备人员随时做好应急救援工作；另外，加强对重点单位、重要部位和重要网站的备案。

5. 完善网络地理信息安全可追溯机制

网络地理信息服务单位应建立生产记录和公开记录，公开记录应注明公开的名称、内容、信息发布日志，记录信息源提供部门、上网发布时间、发布人员、审批人、发布范围等信息，做到有据可查，建立网络地理信息服务质量安全档案，保存从业主体生产记录、公开行为记录、审查记录等与地理信息安全有关的资料，实现网络地理信息安全长期可追溯。

6. 建立责任管理与监督考核机制

首先决策层通过考核岗位目标、督促与检查工作以及监督执法等工作及时发现管理缺位、越位等问题并采取相应措施对该种问题进行解决；其次完善管理体系，做到严密监督制约，工作流程程序规范，分权合理；最后对不依照法律或越权行政的内部执法现象或执法行为及时“叫停”，完善执法责任制度。

总之，完善各种规章制度和建立严密的预警网络架构体系，还有应急管理制度和操作流程的规范等等来进一步确保网络地理信息泄密预警与应急机制的正常运行。

六、建立健全网络地理信息知识产权保护政策

知识产权（Intellectual Property），是个人、团队或者是组织应用思维能力创作或者研发出的知识产品，知识产品会受到相关条例的保护。这一范畴包括了个体自然人、法人（包括企业及其他组织）和一切团体组织。知识产权本意是对知识这类脑力成果无形的财富的所有权。在17世纪中叶知识产权的概念初步形成，是由法国学者卡普佐夫提出的，比利时著名的法学家皮卡第提出了“一切来自知识活动的权利”，进一步发展和完善了知识产权的概念。知识产权普遍被熟知并开始使用是在20世纪60年代，《世界知识产权组织公约》签订后。我国《民法通则》中也有着知识产权的相关内容，《民法通则》把知识产权划归到民事权利，且将知识产权定义为基于创造性智力成果和工商业标记依法产生的权利的统称。

地理信息知识产权，即地理信息财产所有权。地理信息的知识产权即组合地理信息形成的地理信息产品，这种产品传递方式以信息为主，作为

知识产权的一种小分类，地理信息的知识产权表现为地理信息相关的受保护的知识产品、商业秘密以及非独创性数据库和依托于技术发展而形成的无形财产。

所谓知识产权的保护，则是指通过法律制度和行政监管来实现对知识产权的保护，以国内法律为基础，国际条约为扩展，充分保护权利人从知识产权中获益，同时抑制因知识产权造成的贸易壁垒导致贸易受阻和脱离控制。地理信息知识产权即地理信息测绘者与拥有者的财产权，也就是说相关地理信息的所有权人可以独占性地行使占有、使用、储存和有条件地出售或转让相关地理信息的权利。

知识产权机制的主要的目的是为了保障权利人从自己的智力产品中取得收益，并激励权利人再次创作，从而促进文化、科学、经济的发展；而地理信息产权机制强调了保障制造者非独创性劳动成果。我国的地理信息产业正处于快速发展的黄金时期，数字城市、天地图、地理国情监测等平台的构建和发展，地理信息服务带来的经济效益不断增长，建设健全地理信息知识产权政策迫在眉睫。如何在网络时代保护地理信息的知识产权，已经成为新时期保障地理信息安全的重要课题。

（一）地理信息知识产权的特性

合法性。知识产权是国家依据相关法律法规对产权所有人产生的一种合法权利。地理信息的知识产权和物权有着一样专属权，只有地理信息知识产权的专属人才能对其进行使用和支配。没有依照相关法律规定或产权人自愿的授予和放弃，其他个人和组织不能利用他人智力成果，相应权利也就不能生效。

无形性。知识是人脑力劳动的成果，是一种不具有物质形态、不占空间的抽象产品，并且依托一定的载体来体现的。所以地理信息知识产权也具有这种无形性的特性。无形性最显著的一个体现就是其无法二次复原，但可以依托有形的载体来体现，如文学艺术通过书籍、画报、电影电视等作品表达，专利通过专利技术说明书体现等。地理信息知识产权除产权人或其委托人之外不具备长久性，所以必须借助一定的载体和介质来储存和传输。

独占性。即排他性或专有性。依照法律的特殊规定，地理信息知识产权和其他知识产权一样，就产权人而言具有专有性。除非经知识产权所有人许可，其他任何人或组织、单位、团体不得擅自利用和传播该知识产权。地理信息知识产权作为一种无形产物，不能像有形物一样靠占有来实现其独占性，只能由法律法规强制来保证产权人的利益。

地域性。知识产权一般只在一定范围内有效，主要是依据相关法律确定有效区域或范围。在一般情况下，地理信息知识产权的效力仅仅在于授予其相关产权的国家或地区，通常不具备国际效力。目前具有国际意义的地理信息知识产权主要是靠国际法中的相关规定和国际协议来实现的。

时间性。知识产权和专利在时间性上具有一定的相似性，如果一种或一类知识产权超过了法律所规定的一定的保护期，则该知识产权不再具有独占性，转化为带有社会性质的公共资源或公共产品。不同国家和地区对地理信息知识产权的保护时间不同，主要看当地的法律法规，一般不具有统一性。

在此特性中，知识产权还体现出一定的公开性，就是在时间性的基础上，地理信息知识产权可以通过公开性的特性来实现保护。

地理信息知识产权在特性上不同于一般的物权，所以在地理信息知识产权保护方面也有着一定的区别：物权客体是具有独立性的有形物，而地理信息客体以无形物居多。民法上所认定的有形物是指能够占据一定空间并且可为人触摸、可视或感知的物质。该物质具有单独或者以个体形式存在，则可以理解为具有了独立性，从而可以通过实际的行动进行支配，物权即具备了这个特性。地理信息主要是以无形物的形式出现的，是不能够直接为人感知的信息，虽然具有空间属性，但是并不一定占据一定的物理空间。所以两者在知识产权保护方面，地理信息更加倾向于介质和信息的保护，例如纸质材料、磁带、磁盘、光盘、网络储存介质及其他物质储存介质。

物权具有独占性或排他性，而地理信息知识产权具有多元性。物体的标的物必须是具有独占性和排他性的，并且具有一定的物理流失或损坏的性质。因此，从民法的角度来看，一个标的物只能具有一个特定的物权或者物权范围。而地理信息知识产权在使用和保护方面则可以具备设定一个或者几个特定权利的可能性。

物权具有一定的无限期性，而地理信息知识产权的期限则有一定的时效性。从法律的角度来看，如果不是放弃、丢弃、损坏或物质灭失外，物体的所有权一般可以具有无限期的拥有权限。但是地理信息知识产权作为特定的信息产权，则具有一定的存续时间，这个时间期限主要是根据不同的地理信息而定。

（二）知识产权保护对网络地理信息安全的重要意义

1. 知识产权保护是促进网络地理信息保密与共享平衡的有效手段

地理信息产权制度的一个重要任务就是禁止非授权人非法获取独创性地理信息知识，有效地保护地理信息安全。该制度不是禁止非授权人的“获悉”，而是禁止非授权人为“获悉”该信息而主动采取的行动，如主动获取信息载体、破坏信息传播网络等行为，从而对网络地理信息的完整性、可靠性与保密性起到保障性作用。知识产权制度本身是为平衡信息生产者的再生产激励和社会共享信息利益而设计出来的，这一制度将某独创性信息纳入专有权范围，使得人们即使获悉也不能够用于营利，从而消灭了信息的外部性，达到保护信息安全的目的。这种制度措施通过弱化甚至消灭信息的外部性达到在信息开放的前提下保护信息安全的目的，从而实现信息安全和公民行为自由权的有效平衡。而且，加强对地理信息数据的保护，可以激励更多的资金或其他资源投入到网络地理信息产权保护产品的开发中来，从而促进我国地理信息产业繁荣。

2. 知识产权保护是保障网络地理信息安全的重要工具

基础地理信息是网络地理信息资源的主要构成部分，而网络地理信息资源是网络地理信息安全的关键。基础地理信息的重要性不言而喻，它大部分与国家秘密和信息安全相关，这也是它比一般信息产品特殊的地方。保障网络地理信息安全的重要工具是保护网络地理信息数据版权。网络地理信息安全的特点是可靠性、机密性、可用性、完整性、不可抵赖性、可控性。网络地理信息数据版权保护可运用各种版权保护技术（如数字水印技术），通过一定的方法（加密算法、加水印等）在数据中加入特定的信息，当需要验证版权归属时可以通过相应的方法提取出其他附件信息（包括文件或图标），确认版权归属并追踪侵权行为，从而有效地保证信息没有被恶意篡改，更好地保障网络地理信息的可靠性、完整性和不可抵赖性，在安全保密的基础上健康、有序地发展网络地理信息产业。

3. 知识产权保护是网络时代对地理信息安全提出的新课题

随着信息技术、通讯技术、空间技术的快速发展，数字化的地理信息产品形式逐渐替代了以前的纸质信息产品，伴随而来的是，传统的条形码技术和激活防伪技术越来越不适用于现有的版权保护。与此同时新的版权保护技术还未成熟，网络地理信息产品由于复制简单、成本低廉、传播快捷、无限可复制，因此容易被不法分子利用来赚取利益，造成网络地理信息产品市场混乱，给版权化的管理带来严重的困扰，对我国地理信息安全构成了前所未有的挑战。那么，这就需要我们创新更有效的技术手段，建立更完备的政策机制，实现在网络背景下有效地保护地理信息产权，进而有效保障新时期下的地理信息安全。

（三）网络地理信息知识产权保护政策的内容

一是地理信息知识产权的要件。地理信息知识产权与其他的知识产权一样，具有相关的要件。所谓要件，就是针对一种权利责任而具有的指向客体（对象、范围等）和具体的形式和内涵。地理信息知识产权的要件分别是形式和实质这两个要件。

所谓地理信息知识产权的形式要件，是指依据地理信息知识产权法定性特点明确了指向客体。主要通过法律确定地理信息专利以及相关版权对象的合理使用范围，从而方便司法机关、行政监管部门在发生地理信息知识产权侵权纠纷的时候进行合理合法的判罚。

所谓地理信息知识产权的实质要件，则是指依据法律已确定的地理信息产权保护范围，来尽可能地明确定义地理信息知识产权适用范围和表现形式。实质要件具体可以体现在侵权行为问责和维权方面，可以通过实质要件使得对危害地理信息知识产权的行为进行控制和追责，如在民事方面要求停止侵害、消除损失或不良影响、赔偿损失、返还不当得利。而较重的侵权行为，涉及危害公共安全或国家安全的则要追究刑事责任。

二是网络地理信息知识产权政策的保护范围。地理信息是现实世界（资源和环境）相关的物质特性（数量、质量、性质等）以数字、文字、图像和图形等数据蕴含和表述的地理含义。根据现代知识产权理论，独创性的产品才受知识产权法的保护，这就导致了网络地理信息知识产权政策保护大多侧重在形式和内容表达上有独创性的地理信息数据，而非独创性地理信息数据的保护往往被忽视。

根据地理信息的特性可以确定网络地理信息知识产权政策主要的保护范围：从多维度的角度出发，二维是平面，三维是立体空间，而地理信息能够在平面上构建多个主题的立体空间，即在一个二维空间上含括了多个专题和属性信息。例如，在地平面上，可取得交通、高程、湿度、污染、光照等多种信息。

从动态的层面出发，主要是指按时间波动的地理信息特征，即时序特征。依据时间长短可将地球信息划分为超短期的（如火山爆发、泥石流）、短期的（寒潮、洪水）、中期的（如土地利用、作物估产）、长期的（如人工老龄化）、超长期的（如物种演变）等，地理信息根据时间尺度区分开不同的地理信息，这就要求及时在特定区域按照不同时间采集和更新数据和信息，并用科学的方法分析得出时间分布规律，从而对未来作出相应的预测和预报。该类信息最为广泛，知识产权的公开与保护政策也最需要完善。

此外，和地理信息有关联的各项版权有专利、著作、产品外观UI设计、商标等等许多版权。要对地理信息知识产权进行有效的保护，就必须要明确地理信息知识产权合理使用的范畴。我国颁布的《中华人民共和国著作权法》，以及《信息网络传播权保护条例》中规范了地理信息应列入合理使用的范围，即地理信息知识产权的合理使用方向：作品为了解释、阐述某一问题，可以适当参考引用他人已发表在杂志、期刊等媒介上的地理信息产品，为报道时事新闻，在报纸期刊、广播、电视台和新媒体等媒体中，出版关于地理信息的产品或者是引用地理信息产品；传播有关于地理信息的知识给中国少数民族，如将中国国内个人或组织把地理信息转为中文汉字的创作，翻译成少数民族语言的作品；当地理教学以及其他地理研究需要时，可以向相关人员提供少量已经发表的特定地理信息作品；为执行国家任务，国家机关向大众提供特定范围内已经发表的部分不涉及国家机密的地理信息作品；不以营利为目的，将已经发表的文字地理信息翻译成盲文或者手语提供给盲人。

同时，要进一步明确版权保护事项。没有明确版权保护事项，知识产权保护将无法操作，违规行为将无法处罚。明确版权保护事项就是要明确哪些行为未经权利人许可，任何组织或者个人不得进行。结合地理信息知识产权的特点，下列行为可列入版权保护事项：通过互联网向公众提供的作品、专利、商标、著作权、地理标志、外观设计、商业秘密、域名的电子地理信息；通过互联网向公众发布了未经同意转载的录像和视频等电子地理信息；接受网络服务的用户的复制行为会对著作人造成损害；作者事先声明不许提供的网络地理信息作品。

三是地理信息知识产权的主管部门。在确定了地理信息产权的使用范畴之后，就是要确定保护地理信息知识产权的主要部门及其权责。地理信息知识产权的主管部门是由测绘地理信息主管部门、国务院新闻出版部门、国家保密部门、信息（通信）主管部门等多个部门构成的。并且还包括由测绘地理信息部门、保密部门、出版管理部门、信息产业主管部门等组成的地理信息产权保护办公室。

地理信息产权保护办公室隶属地理信息规制委员会。地理信息产权保护办公室为了查处侵犯地理信息侵权的行为，可以对涉嫌侵权对象的侵权行为进行调查、取证，并向主管部门提议行政处分或行政处罚的形式；可以对市场进行监管，限制恶意侵权的市场主体进入市场，剔除严重影响市场秩序的市场主体；还可以奖励合法经营且成绩不俗的市场主体，如发放奖牌，免除部分税务等，从而建立良好的市场秩序；可以对版权纠纷进行行政调解，等等。

四是地理信息知识产权侵权行为的归责。在知识产权受到侵权的案件发生时，解决侵权事件关键在于解决纷争，做到停止侵权和相应赔偿。停止侵权是赔偿损失的前提，赔偿损失是停止侵权的补偿。司法人员在处理只是产权侵权案件时，把注意力放在事后的赔偿问题上，而并没有再过多地注重停止侵权行为，这就会难以制止侵权活动的继续，导致很难处理和制裁侵权，反而会让侵权者认为，对知识产权的侵犯仅仅需要通过“金钱”就可以解决。这样非常不利于对知识产权侵权事件的处理和遏制。以此类推，地理信息知识产权作为知识产权的一种，就其侵权损害的本质而言，侵权除了是对侵害行为所造成的一种后果，更是对被侵权人或组织利益和机密的损害。地理信息知识产权的损害赔偿，不仅应当填平损失，还应当对利益受损方进行合理的赔偿，保证其合法权益尽可能得到该有的保障，并且通过一系列措施保证起到遏制侵权行为再次发生的情况。知识产权制度实际上是一种保护智力成果独占权的制度，即设置排他性专有权，只有得到权利人的许可或者特定情况下才允许使用其智力成果。知识产权制度的制定，目的是为了保护创造者的创造性智力劳动，同时也起着激发创新和促进智力成果转化为实践生产力的作用。关于这两者的平衡问题，是立法考虑的一个方面。总之，当追究地理信息知识产权的侵权行为责任时，不仅要追究损害赔偿责任相关的部分，更要迫使侵权方终止继续侵权的举动。侵权归责原则最重要的一点是不能只要求就侵权行为造成的损失进行赔偿，还要确保侵权行为的彻底终止。

《民法总则》中规定了明确知识产权法律属于我国民法体系的一部分，所以地理信息知识产权也应该归属于民法的范畴。比如说，在《民法总则》第 183 条中就明确指出了与地理信息知识产权的内容相关的规定，即公民或法人侵害国家、集体的财产或者侵害他人财产与人身的，应承担相应的民事责任。这就表明，地理信息知识产权在收到损坏、泄露、偷窃、盗用等情况的时候必须进行法律追责

《中华人民共和国测绘成果管理条例》第二十条指出，有关著作权保护和管理的测绘成果，必须根据相关法律法规的规定执行。《中华人民共和国地图编制出版管理条例》规定：未获得地图著作权人允许，任何单位和个人不得以任何形式使用其地图，除非在相关法律规定中，有另外明文规定可以使用。《国家基础地理信息数据使用许可管理规定》第八条明确规定，国家知识产权法律法规应当保护国家基础地理信息数据，该数据未经提供单位许可，不得以任何方式转让给第三方使用。《地图审核程序规定》也规定，申请人而非著作人在编制地图时，所使用的底图和相关材料必须提交著作人许可的证明材料。这些政策法规强调了要加强地理信息产权的保护。

第六章

网络地理信息安全政策的运行保障体制机制

要想确保国家地理信息的安全，那就要强调地理信息安全主体作用的发挥，要厘清各相关主体之间相互关系与职责分配，以此使各部门能制定合理有效的地理信息安全政策并加以实施运用，从而促进整体的地理信息安全组织管理体制的稳定运行，所以建立健全网络地理信息安全政策运行的保障体制机制具有重要的意义。本章主要说明了我国网络地理信息安全政策的运行保障体制机制：网络地理信息组织管理体制、网络地理信息安全监管部门协调机制、网络地理信息安全公共参与机制、技术开发应用与管理机制、地理信息安全政策协同供给机制。

一、构建科学严密的网络地理信息组织管理体制机制

从广义来看，具备相关安全职能的行政部门、军事部门、企事业单位及个人组成了地理信息安全的主体，共同构成了地理信息安全组织管理体制。对于明确地理信息安全组织管理体制中众多主体的职能与责任，弄清其彼此之间的关系，重构一套合理的地理信息安全组织管理体制，是保障地理信息安全的重要课题。

（一）地理信息安全组织管理体制是国家治理现代化体系的重要部分

当前，得益于发展迅速的科技水平以及日益普及的科学技术，地理信息的发展速度不断提升，逐渐成为能推动经济发展的新的增长点，并且对于地理信息的使用也不仅仅在停留在专业领域，它已经慢慢渗透到各种行业中。然而随着相关技术和产业的兴起和发展，也导致了双重影响：人们获得、传输、存储相关地理信息更加方便以及快捷，但是地理信息的安全问题也备受人们关注。国家治理体系的现代化应当将地理信息安全这一管理体制纳入其中。实现治理体系的现代化至少有三种方式：第一种是通过转变政府的职能，明确政府职责，规范政府各部门之间的职责权限，优化政府组织结构，并在此基础之上加强政府不同主体之间的协同治理机制；第二种是正确理顺市场和政府之间的关系问题，加快转变经济增长的方式，推动产业结构优化升级，使市场在资源配置中起决定性作用，从而促进我国经济可持续性发展、公平性发展；第三种是转变社会治理的方式，要重视公民参与，发展社会组织力量，以此来推动社会治理的不断提升。目前，从这一管理体制来看：首先，我国地理信息的主体众多，具备相关安全职能的行政部门和军事部门组成了地理信息安全的主体，同时，它们还是相关管理体制的重要组成部分，当前主要的需求是明晰化以及明确化有关的行政主体的职责及其权限，使其能够在地理信息安全等相关问题上面形成一定的共同认知；其次，是要对地理信息的相关行政主体以及相关的市场主体的关系加以梳理，例如，可以通过市场本身的作用加以自行调节的就要依托市场的力量，若市场不能自我调节，需要进行人为监管，各行政主体则要发挥其自身作用；最后，还要高度重视行业协会和个人用户的作用，从广义来看，我国地理信息安全的主体不仅包括使用地理信息的每一个个体，同时，国家层面的相关机构部门和企事业单位，也是这一治理过程中的参与者、推动者、促进者。综合来看，该管理体制是构建国家治理体系现代化的内在要求。

（二）当前我国在组织地理信息安全管理体制机制方面存在的主要问题

1. 梳理目前我国地理信息安全行政主体

从狭义层面来讲，具备相关安全职能的行政部门和军事部门一起组成了中国地理信息安全的组织管理体制。广义而言，因为地理信息用户具有广泛性的特点，所以地理信息用户几乎涵盖了中国所有的国家机关、企事业单位，同时作为相关用户，对于地理信息的义务就必须要做到遵守，尤其是从保密以及安全这一角度上，包括水利部、交通部、国土资源部及国家测绘地理信息局、国家安全部、公安部、住房和城乡建设部、国家工商行政管理总局等在内的政府机关都是我国当前国家范围内地理信息安全的行政主体。除此以外，还有与之有关的总参谋部测绘局、总参谋部情报部等。

（1）国土资源部以及国家测绘地理局。作为保障我国国民经济发展最基本的国土资源部门，负责管理、统筹规划、合理利用与保护我国自然资源，比如海洋资源、矿产资源、土地资源等。负责我国国家测绘地理信息业务的政府行政机关是国家测绘地理信息局，它由国土资源部门管辖。

（2）水利部、交通部、住房与城乡建设部等部门管理、控制了一些既敏感又有重要意义的地理信息数据。比如，水利部主要掌握我国几乎所有的水利数据，包括河流、湖泊、地下水等；交通部主要掌握我国几乎所有的地理信息数据，包括民航港口、海岸线和道路等；各地区住宅与建设部门主要是负责其地区整体规划部门的最基本数据以及地区所有相关的地理设施分布的基础数据。

（3）国家工商行政与管理总局、公安部、国家安全部。其行政职能并非直接涉及与地理信息相关的方面，但是，因为国家测绘局等行政机关不具有直接的执法职能，这些执法部门可以以相关的法律法规为依据来执行自身职能，以解决一些涉及与之相关层面的违法或犯罪行为。比如，国家安全部门对于在我国境内出现的非法测绘行为和相类似的一些泄密重要地理信息的违法犯罪等行为给予严厉打击；公安部门会通过网络来监测网上的地理信息保密性，与此同时，该部门还会对重要的基础地理起到警卫作用；国家工商行政管理局则是监管一些与地理信息有着密切联系的企业。

（4）国家地震局、气象局等有关部门，则是在与地理信息灾害的预警、应急与风险管理等方面承担着相应的职责。

（5）军队有关机构。军队在测绘方面的工作一般是由我国人民解放军总参谋部测绘局进行管理，而对保护我国军队地理信息等相关机密工作则主要是由人民解放军总参谋部情报部的领导和相关的工作人员进行管理和指导。

2. 当前我国地理信息组织管理体制机制方面存在的主要问题

中国地理信息组织管理体制存在的主要问题包括但不限于以下几种：治理主体的数量较多，主体之间的分工不明确，有执法权的部门几乎都不是行业主管，而行业主管部门基本上都不享有执法权，从国家的层面来看，缺少可以进行协调统一的部门机构，也没有形成相应的执法体系，行政问责制度也不够清晰明确。

（1）从数量和合作层面来讲，我国地理信息治理主体过多，并且其各自为政。第一，在我国，国家测绘地理信息局负责地理信息的日常行政与管理工作。此外，水利、交通、住宅与建设等部门在工作职能中也部分地涉及和管理着相关的地理数据。在日常的工作中，这些部门通常也只是测量自己职责范围相关的地理数据，同时对于各自收集的数据拥有使用权和管理权，从而导致地理信息数据的使用和管理方面容易出现混乱的结果，也将增加地理信息数据泄露的风险。第二，各省测绘地理信息管理部门除了各部门之间缺乏联系机制外，不同省份之间也缺乏清楚明确的交流联系机制，由此导致同一个对象在不同的省份的管理中使用的是不同的标准。

第三，地方政府的职能和军队的职能之间会出现一种不对称的现象。国家测绘局主要负责全国的测绘工作，军队测绘部门则主要负责全军的测绘工作。通常来说，在理论上，国家测绘局应该在业务上指导军队测绘部门，然而在现实的工作中，因为军事信息的敏感特性，使得在地理信息测绘的过程中军队都是高要求和高标准，这也使得前者必须要适应后者的要求和标准。例如，在地图以及地形图的密级设定方面和某一比例尺的地图能否可以公开等方面都需要得到军方的允许，尽管这些方法的目的对于地理信息安全具有更好的保障性，但依据行政逻辑层面而言缺乏合理性。

（2）从国家层面上讲，我国地理信息组织管理上缺少一个能够统一各个主体的协调机构。在日常的实际工作中，我国国家测绘地理信息局并不能有效地发挥其权威作用来监管、掌控与统一测绘行业的其他相关部门。

（3）地理信息行政机构设置不科学。各级测绘地理信息局承担地理信息安全的主要监督与管理责任。从国家整体范围内来看，被归类于二级局的我国国家测绘地理信息局，其最主要负责人是由国家国土资源部副部长来兼任。从省级层面来说，各省测绘地理信息局的一把手是由本省国土资源厅副厅长兼任。往下到市级、县级，各个辖区内所有与地理信息相关的事务就只由剩下的单独测绘管理处的一个处室来解决。机构设置看似十分完备，但实际上却不是这样。江苏省测绘地理信息局通过研究相关文献并且进行实地调研，发现地理信息安全主管测绘部门在机构设置整体性方面存在不对应、不系统等问题。

从纵向上来看，中央到地方的地理信息安全部门很难一一对应。国家测绘局领导着省测绘局的地理信息等工作，省测绘地理信息局负责领导与管理市测绘管理处，依次类推，下一行政层级的市测绘管理处则负责领导县测绘管理处。由此可以看出这其中在部门归口对应方面就出现了很大的问题。行业与法规管理司、地理信息与地图司（测绘成果管理司）、国土测绘司则是在我国国家测绘局的统领下设置成立的三大负责业务的行政机关。省级测绘地理信息局可以与测绘成果管理与应用处（地图管理处）、国土测绘处和测绘管理处（政策法规处）一一对应，但是县级和市级却不能。县市级的大小事务，都只能与地图管理办公室（＊＊市地图管理办公室）相连接。县市级行政区划虽是处于最下层的基层单位，但通常业务最为繁忙，然而与之相应的职能部门不系统、不完善。在一个县甚至是一个市辖区，若干地理信息安全监管事务通常只由一个营业室的两三个工作人员处理，其结果就是他们在疲于应对这种情况。况且，县、市测绘行政主管部门本身还承担着其职责范围内其他的业务任务。这无疑会使原本已经被技能压垮的主管部门雪上加霜。其中，有山东省等省份，在国土资源厅下面只设立了一个测绘行业管理处来承揽业务工作，其工作量相当于其他省份一个省测绘地理信息局的全部业务工作。当前，中央政府大力推进行政管理体制改革，削减职能部门，进行大部门合并，但部门设置与否取决于如有更好地适应公共服务的需要。当现有地理信息安全部门不能满足监管职能规定的业务要求时，需要考虑调整相关机构设置。

总体而言，由于未能建立一个与地理信息安全相关领域的安全监管机构，使得地理信息安全监管的有效性大大降低，因此组织应尽快设置合理的布局——“纵向一条线，横向是一片”。

（4）在地理信息安全执法制度的建设方面有所缺乏。当前，在道路交通、地理信息、安全生产等一些重要的安全工作领域，均形成了各自领域内相关的安全执法体系，其各自的行政主管部门都被赋予了执法权限，并且还设立了相关的执法部门。中国地理信息安全是国家安全体系的重要组成部分，如果地理信息遭到泄露或者受到威胁，都会给国家造成严重的损失。但是，中国当前并没有设立专门的执法机构来服务于该领域，一般只是在事情发生后要依靠国家安全机关来进行保护。目前，作为行业主管的行政机关的测绘地理信息部门只有安全监管职能，不能单独使用行政执法权。

（5）清晰的行政问责制度缺失。在地理信息行业区域，当保密地理信息遭到泄露或者有可能遭到泄露的环节出问题以后，我国最为常用的处罚方式就是根据《中华人民共和国刑法》、《中华人民共和国保密法》等法律规定来对相关人员进行判罚。国家在日常行政管理中未能针对相关行政单位和行政责任人建立起行政问责的制度和规定。由于这种体系的缺失使得法律再完善、制度再健全、政策再合理，最终，所有的工作都不会得到真正的执行效果，而只是流于形式。

（三）对国外地理信息安全组织管理体制的分析与反思

一些其他国家的地理信息安全组织和管理体制机制相较于中国来说，起步早，发展快，对于我国地理信息系统工程的快速发展具有极其重大的借鉴意义。通过汲取其成功的经验，反思总结其失败的教训，对中国地理信息安全组织管理系统的发展起到良好的借鉴和示范作用。

1. 国外地理信息安全组织管理体制的分类

考虑到世界上主要国家的政府地理信息安全管理体制，同时通过具体的研究与总结，以下三种体系类型最具典型性。

（1）以日本和俄罗斯为代表的政府主导型体系，该体系强调国家建立直属中央的组织管理体系和政策保障体系，各国财政部门负责基础地理信息的资金供给。职责由独立的国家地理信息安全组织管理机构对地理信息安全进行管理。

（2）以美国为代表的政府调控型体系，主张由政府各部门通过颁布行政指令和建立健全法律法规等方式进行宏观调控，认为地理信息安全组织管理体系由社会力量和非政府组织共同构成，二者在地理信息安全中均扮演重要角色。各级地方政府不单独成立地理信息管理部门，全国地理信息安全组织管理体系也不完整。

（3）市场化体系以英国最为典型，政府在地理信息安全领域并没有设立统一的地理信息组织管理体系，独立的国家政府部门履行地理信息安全的行政职能；由于没有固定的国家财政投入，地理信息安全所需的投资间题，只能依赖市场机制来解决，但它具有完备的地理信息安全的法律法规，能够通过行政策和法律制度来保障地理信息安全。

2. 国外地理信息安全组织管理体制对我国的借鉴意义

在综合我国具体国情的基础上，上面介绍的三种外国地理信息安全组织管理体制对于我国信息系统工程具有借鉴意义主要表现在以下三个方面。

（1）地理信息安全组织管理体制中的主要管理者务必是政府。首先，与政府监管体系相比，地理信息安全行业协会并不能在整个社会中发挥约束作用，它只是扮演行业内的规范角色，因此地理信息安全的统一领导者必然是政府相关行政部门。除此以外，我国的政府职能还有社会职能、保卫职能等，但其中最为重要的则是保障地理信息安全，它是政府履行其他职能的前提与基础。

（2）须重视行业协会、民众的作用。尽管行业协会作用有限，不能触及社会的各行各业，但对于地理信息相关行业来说，意义重大。在市场经济大环境下，政府不能服务于各个行业，行业协会因此很重要。就民众而言，基本上所有公民都会用到地理信息，因此作为公民的一份子，我们都必须深入学习相关法律法规，力争做到不仅内化于心，更外化于行，主动维护地理信息的安全。

（3）须完善地理信息安全的法律政策和组织结构。尽管上述这三种模式不尽相同，但却具有一些共性，就是地理信息的管理都必须依赖健全的法律体系和地理信息安全政策，如此收放才不会乱。

（四）国家治理视角下重构地理信息安全组织管理体制机制的主要路径

针对我国当前地理信息组织管理体制的现状及存在的问题，汲取国外及其他行业领域一些组织和安全管理体制的成功经验，在国家治理的视角下重构我国地理信息组织管理体制机制需要做到以下几点。

1. 依托国家安全委员会建立全国统一的协调部门

国土安全最为重要的组成部分就是地理信息安全，它不仅是军事安全的前提条件，而且与核安全和资源安全也相互关联。由此可见地理信息安全对于新型国家安全观具有十分重要的意义，因此国家安全委员会必须要履行好维护地理信息安全的职能。我国在地理信息安全领域与之有密切联系的政府行政单位众多，而且大多数行政主体都只负责自己行业范围内的业务，因此为保证地理信息行政管理工作能顺利地展开，必须要建立一个国家层面的专门议事协调机构来指挥全国地理信息行业的行政工作，并协调好各自相关行政主体的工作。

2. 完善网络地理信息安全的领导分工机制

明确各职能主体的职责权限是实现科学分工、夯实领导责任的前提与基础。首先，国家测绘地理信息局作为我国地理信息行业的主要行政监管单位，要不断加强自身建设，树立威严，统一指挥全国地理信息领域的相关业务，严格履行地理信息安全的数据管理、行政审批、市场监管等职能；其次，以对象是否是罪犯及情况恶劣程度来划分行政职能主体：若情况极其恶劣，诸如非法测绘、泄密等出卖国家利益的行为，一般交给国家安全机关来解决；若为一般罪犯，则由人民公安部门负责判决处理；若是公民个人违反了相关法律法规，没有达到犯罪的程度，则交由测绘部门处理。

强化测绘部门职能的措施具体包括：就横向方面来说，国家测绘地理信息局拥有交通、水利、住建等部的地理信息使用审批权，各省市、自治区、直辖市包括下级行政部门若也要了解并运用地理信息，则必须取得相应测绘地理信息部门的行政审查与批准，除此以外所有的政府机关其他部门、组织机构甚至是公民个人等，也必须依照相关规定，请示相对应的测绘地理信息部门，获得批准后，方能使用这些部门的地理信息数据。相较于横向，从纵向来说，当前国家在测绘领域的行政工作主要由国家测绘地理信息局掌管，各省、自治区、直辖市，包括新疆生产建设兵团的国土资源厅（局）在内，每一地区测绘地理信息的行政管理工作由本区域测绘地理信息局统一指挥其业务，但各地级市、自治州、旗及以下行政区域的国土资源局并没有负责直接管理自己测绘地理信息行政工作的测绘地理信息局。从我国当前的行政管理体制来看，各省级国土资源厅和人民政府负责领导与主管该省一级行政单位的测绘地理信息局，但是鉴于测绘工作的全国性这一特征，各省之间需要不断加强彼此之间的交流合作，故需明确规定，国家测绘地理信息局统领全国各省级行政单位的测绘地理信息部门，指导下级业务工作，下级必须要服从上级的指挥。以上措施均有益于国家测绘地理信息局在地里信息相关领域扮演主要管理者这一重要角色，不断增强自身能力，在实际的工作中积极做好表率与带头作用，使之成为我国测绘行业的领导者、监督者与标杆。

3. 构建与完善地理信息执法安全的体制机制

一般来说，建立完善的地理信息安全的执法制度有两条可以挑选的途径：一条是扩大测绘地理信息部门的职权，使其拥有行政执法职能，具体来说就是可以在国家测绘地理信息局内部添设地理信息安全稽查管理总队，而对于每个省来说，各省测绘地理信息局会成立稽查监督与管理队伍，稽查大队和稽查中队具体的设置安排则是由该省在实际工作中的具体需要而定（如图 7-3）。作为行业行政执法力量，地理信息安全监察管理部门有权对违反行业秩序、扰乱地理信息市场的企业和个人采取各种行政惩罚。另一条是对铁路、林业和民航等行业进行深入分析与总结，在结合自身实际的基础上，取其精华，去其糟粕，并与人民公安部门互通合作，成立地理信息安全警察（测绘警察），主要负责对地理信息安全违法犯罪行为行的政执法。行政执法权的适用对象除了第一类检查管理小组所监管的对象之外，对于罪犯同样适用。

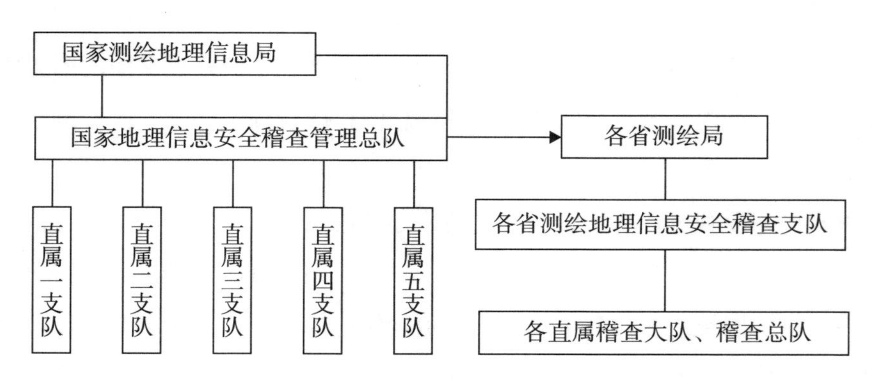

图 6—3　国家地理信息安全行政执法体系图

地方测绘部门还要加强与其他部门的合作，通过成立执法小组进行执法检查，以增强对违法涉密行为的打击力度。以上措施有助于改善地理信息组织管理系统中的这一尴尬局面：行业主要负责管理的部门没有执法权，但有执法权的部门却不能担负起专门的行业主管职责。这对加强测绘地理信息部门权威，净化地理信息市场，增强地理信息产业主体行为的规范性具有基础性作用。

4. 建立常态化横向分工协调机制

网络地理信息安全监管应由地理测绘信息行政主管部门牵头组织，国家安全、保密、工商、水利、公安、国土资源、住房和城乡建设、军队等部门分工合作，各司其职，各负其责，形成常态化分工合作机制。第一，建立网络地理信息安全监管部门联席会议制度。联席会议由政府分管副领导担任召集人，成员单位的有关负责同志为联席会议成员。联席会议办公室设在自然资源局，承担联席会议日常工作。自然资源、公安、工商、行政执法、水利、科技、工商、安全、保密、通讯等部门为联席会议成员单位。联席会议定期或不定期召开全体会议，着重研究解决地理信息安全监管政策建设、执法监督、技术应用中遇到的问题。第二，建立网络地理信息市场监管合作机制。各部门按照职责分工，主动研究网络地理信息安全监管工作中遇到的重大问题，积极提出工作建议或意见、制定相关政策措施，同时，各部门要密切配合，共同研究查处网络地理信息违法案件。例如，工商部门依法规范网络地理信息市场活动，依法取缔违法单位的《企业法人营业执照》；测绘主管部门依法对违法单位撤销、吊销、注销《测绘资质证书》。第三，共同制定网络地理信息数据安全标准。为了保障测绘部门的基础地理信息数据与专业部门的专题地理信息数据共享中的安全，地方测绘地理信息部门应以国家地理信息局发布的安全标准体系为依据，结合本地实际，与省市有关部门制定网络地理信息的安全共享标准，如与民政部门共同制定符合国家安全要求的行政区划、境界、地名等共享数据标准，与水利部门共同制定符合国家安全要求的水系、水利等共享数据标准，与电力、交通部门共同制定符合国家安全要求的地图、GPS 等共享数据标准，保障网络地理信息数据在安全的基础上实现共享。

5. 完善行政问责体系

若增加执法职能、构建执法体系的对象是由地理信息产业来管理，那么完善的行政问责体系就是以测绘地理信息部门为主体。完善行政问责体系要弄清楚以下问题：需要被问责的对象、问责的主体、问责的方式。第一，要对测绘地理信息行政机关造成的不良后果进行追究，主要包括测绘地理信息行政机关没有依法履行自己的职能，影响了行政效率，导致行政管理相对人的权益受到损害。第二，测绘地理信息行政部门及其负责人一旦违背了上述行为，以下主体单位就必须对其进行行政问责：同级的人民代表大会、国土资源机关、人民政府以及上一层级的测绘地理信息机关，还有部门内部监督检查等。第三，对于问责的方式问题来说有：书面检查、通报批评、行政警告、停职检查、撤职等等。第四，在我国测绘地理信息管理上要进一步让应急问责向制度化问责过渡。重大安全问题往往是出现了再被提出来追究责任，通常也是对相对严重的违法行为进行问责，而往往这种方式只能在较短的时间内起到一定作用，而不能从根本上解决问题。所以，要加快行政问责向制度化转型，要对犯错的人以及不作为的人进行问责，既要对重大违法行为者追究责任，又要对轻微违法行为者进行处罚，才能使行政问责得到落实。

二、健全网络地理信息安全公共参与机制

不论从理论还是现实角度上来看，网络地理信息安全监管中公共参与都存在着一定的必然性，然而我国在网络地理信息安全监管公共参与方面，还没有建立完善有序的公共参与机制。通过对我国目前的网络地理信息公共安全监管现状进行分析，揭示我国网络地理信息安全监管公共参与机制的问题及其原因，并提出我国网络地理信息安全监管公共参与机制的具体路径，对保障我国网络地理信息安全具有重要价值。

（一）网络地理信息安全监管公共参与的必然性

1. 网络地理信息安全监管公共参与的含义

网络地理信息安全监管公共参与是指除政府部门以外的企业、社会组织、社会大众以及新闻媒体通过一定的方式参与地理信息安全监管过程，满足地理信息安全相关主体的公共需求，解决由地理信息安全引发的相关问题，实现相应的网络地理信息安全的公共利益。

就参与形式而言，网络地理信息安全监管的公共参与可划分为个体性参与和组织性参与。个体性参与就是个体公众在分散的状态下参与地理信息安全公共事务的监督与管理，而不依赖任何组织，也不进行组织化，主要通过公众自发性参与、网络参与、社区参与等形式进行参与。但参与者之间利益的竞争与冲突、利益表达不畅等问题也存在于个体性参与之中，这些都对实现公众力量的有效整合、取得意见一致性方面造成困难，因而可能很难从实质上影响和控制所参与的监管事务的进程与结果。组织性参

与就是个体公众参与相关组织，并通过组织的形式来参与地理信息安全公共事务的监督与管理工作。个体公众参与地理信息安全监管的相关事务是以这些组织及其成员公共利益的代表者为媒介来进行的。通过这种方式能够有效地整合个体公众力量，并且因为其比较有分量的意见表达，所以对网络地理信息安全监管有较大的影响。

2. 公共参与网络地理信息安全监管的现实依据

第一，公共参与网络地理信息安全监管可以弥补政府的不足。长期以来，我国的网络地理信息安全监管工作主要依赖政府或者少数社会单位的力量。由于这些单位受到人力、物力、财力等限制，网络地理信息安全监管还存在诸多薄弱环节。加上某些别有用心的国外敌对势力的恶意窃取，我国网络地理信息安全还面临着一些重大地理信息泄露的危机。为了弥补这种不足，我国借鉴世界上一些国家的成功做法，引入公共力量参与地理信息安全的监管。我国开展了一些公共参与地理信息安全监管的实践，如我国对国内重大军事项目所在地实行军地联动机制，即如果发现不明人士进入军事监管场所，当地居民有责任也有义务及时通报当地政府部门，以便政府部门采取有效的应对策略，保护该重要地区地理信息不被窥探。实践证明，我国目前进行的一些公共参与网络地理信息安全监管是非常积极有效的。

第二，公共参与网络地理信息安全监管具有有利的现实条件。一方面，伴随着社会的不断进步与发展，公共参与网络地理信息安全监管的形式更加多样化。这主要体现在：一是召开专题会议，广泛征求意见。这种形式，是我国地理信息安全监管中常用的一种传统手法。二是召开专家代表会议，共同探讨技术问题。这是由地理信息安全监管部门邀请监管及相关行业专家或行业负责人参加的会议。三是公众直接参与，解决具体问题。这种形式往往是面对面的讨论，针对性强，效果明显，参与程度高。目前在我国很多地区都有了公众接待日、网上投诉、现场公示等便于公民参与的渠道，这些渠道也是公民将自己的合理化建议反馈给网络地理信息安全监管部门的途径。另一方面，公共参与网络地理信息安全监管的主体范围不断扩大。社会经济的不断发展，不仅带动了生活质量的提高，也推动了社会教育的普及。公众的自身素质持续得到提升，参与公共事务的意识得到加强，管理的能力也逐渐增长。以往只是小部分的社会团体愿意参与地理信息安全监管，而现在社会的进步和国家的鼓励宣传使更多的人了解到公共参与地理信息安全监管的重要性，以及公众参与部分贡献力量的大小，因此越来越多的公众有意愿参与到地理信息安全监管的过程中。网络、交通、通讯、媒体等新技术伴随着科学技术的创新不断发展与完善，并且日益渗透到人们生活的各个方面。公众参与网络地理信息安全监管的范围也因此更广泛，渠道也更宽阔，从而也增强了公众参与网络地理信息安全监管的主动性。

第三，公共参与网络地理信息安全监管具有很强的现实意义。首先，公共参与网络地理信息安全监管可以有效地减轻国家相关的人力、物力和财力的投入，使得国家能够集中有限的资源进行更多地理信息安全其他方面的保障工作；其次，公共参与网络地理信息系安全监管工作，本身就具有明显的优势，由于他们身份的隐蔽性，在监管中对发现的问题可以实现更加灵活机动的处理；再次，公共参与网络地理信息安全监管还可以扩大监管范围，提高监管的水平，毕竟更多人员的参与可以把地理信息安全警戒范围放到最大；最后，公共参与地理信息安全监管，可以为我国进行其他方面信息的监管提供有益的借鉴，最终保障国家经济社会等各个方面总体安全水平的提高。总之，公共参与网络地理信息安全监管具有很强的现实意义，对于我国提高地理信息安全的监管水准起到不可估量的巨大作用。

（二）网络地理信息安全监管中公共参与的现状分析

1. 公共参与网络地理信息安全监管所取得的主要成绩

我国公共参与网络地理信息安全监管虽然起步时间较短，但是所取得的成果却是非常显著。总体上看，我国公共参与网络地理信息安全监管的层次在提高。以往我国政府对网络地理信息安全的监管多是依靠政府相关部门负责，由于人员有限，加上监管水平不高，造成网络地理信息泄密的情况时有发生。有鉴于此，我国开始引入社会力量进入网络地理信息安全的监管领域，聘请政治身份清白又具有极强网络信息安全监管技术的政府外专业人士从事地理信息安全的监管与相关网络防火墙的设计与维护工作。实践证明，我国在网络地理信息安全方面采取的一些措施是十分及时有效的。2012 年，国家地理测绘管理局所属网站曾经遭受境外敌对势力的网络攻击，但是最终他们却并没有攻破相关网络的防火墙。而设计这一地理信息安全监管防火墙的人士并不是政府内部技术人员，而是我国北方某著名大学的几名网络信息安全技术专家。

2. 公共参与网络地理信息安全监管的不足

虽然我国公共参与网络地理信息安全监管取得了一定的成绩，但事实上，它还存在着许多不足。

第一，网络地理信息安全监管公共参与的力度仍然不强。目前我国只是部分公众参与网络地理信息安全的监管，协助政府等国家机关做好重大机密地理信息的保密监管工作的开展，还没有形成全社会的介入机制。许多民众对网络地理信息安全并没有很深的了解，对网络地理信息安全的监管更是无从下手，他们本能地认为，对网络地理信息安全进行监管应是政府的职责，与自己没有关系。社会公众对于网络地理信息安全监管的参与通常也会因此欠缺热忱度，参与也只浮于形式或是被动参与。除此之外，政府常常对市民的意见不够重视，以至于市民的意见能否被采用也无从知晓，而且即使有的市民意见被采用，也没有受到相应的奖励。在一些地区，当地方政府的财力、物力、人力等不足以支撑它对地理信息安全进行有效监管时，政府也动员和号召社会公众来参与其中，但是这种形式的公众参与并非具有真正的实际意义，公众只是被动地、执行性地参与政府安排的工作。

第二，网络地理信息安全监管参与主体单一。目前，在网络地理信息安全监管这个方面，我国公共参与的主体相对单一，主要表现为社会精英的参与。社会精英们有着较高的文化素养、较强的专业技术以及较好的学习能力，他们对地理信息安全监管有着较高的热情。但是，许多人认为，网络地理信息安全监管是政府的事情，他们是否参与并不影响地理信息安全监管的大局，因此也就抱着无所谓的态度，更不愿意为此投入相关的时间和精力。这种现象引发的最直接后果就是在参与网络地理信息安全监管中这两种力量被分离出来，即社会精英可以参与到网络地理信息安全监管的过程中，而大部分民众还在参与网络地理信息安全监管的边缘。

第三，公众参与网络地理信息安全监管有较强的随意性。我国并没有明确的文件规定公众参与网络地理信息安全监管的内容、权利、义务、职责、程序和监督保障等体制机制，也没有相应的法律条文对公众参与方式、参与范围、参与途径及其保障等进行规定。公众在参与地理信息安全监管过程中由于没有制度化保障而具有较强的随意性。由政府启动的公众参与程序，没有实行必要的听证流程，使得行政权位于公众之上，导致在地理信息安全监管的过程中公众总是被动参与。

3. 网络地理信息安全监管公共参与不足的成因分析

造成在网络地理信息安全监管中公共参与不足的原因有很多，主要可以归结为以下几个方面。

第一，政府对公共参与网络地理信息安全监管的推动不足。首先，政府对公共参与地理信息安全监管不够重视。阻碍我国公众参与地理信息安全监管进程的主要原因是由于国家本位思想导致的参与意识薄弱，公众认为国家要对于民众的一切事务负责。从地理信息安全的监管上来看，政府作为“全能代言人”，公众无需参与地理信息安全监管；此外，政府、监管部门以及工作人员往往都采用相对内向型、封闭式的工作模式，与公众之间的交流也会因此受到阻碍。在这种思想影响下，有的政府部门几乎没有考虑过借助公共力量进行地理信息安全的监管。其次，政府机构对于相关信息的传递不够。公众要参与地理信息安全监管，前提条件是公众必须拥有知情权。但由于我国在这方面缺少相关法律法规的规定，因而政府主管部门就不能明确有哪些地理信息可以公开发布，哪些不可以，这使得公众无法顺利参与地理信息安全的监管过程。我国很多地方通过“公示”等方式来收集民众的想法，然而由于地理信息安全政策的限制，还不能达到公众与政府、专家之间互动交流的效果。因此公众要参与到地理信息安全监管的过程中，必须首先具有知情权，这是公众参与的前提条件。

第二，公众自身有局限性。首先，由于历史因素的原因，我国公众参与网络地理信息安全监管的民主意识比较薄弱。伴随着改革开放的程度不断扩大，市场经济的进一步发展以及民主意识的增强，使得人们对参与公共事务的积极性得到提高。然而目前，对于民众来说，他们还将自己的注意力放在与自身利益有关的事务上，而对地理信息的监管这一方面没有太多关注。其次，公众参与的技能不足。地理信息安全监管是一项专业性较强、多学科、综合性的领域，必须要了解相关地理知识、安全环境，理解和掌握地理信息安全监管的方式等相关专业知识，具备一定的文化素养，才能真正参与其中。而现在看来，地理信息安全的知识以及监管知识的培训在我国的发展和普及还有待进一步加强，造成他们在具体的监管中不会采用及时有效的方式进行监管。这也是我国公众参与地理信息安全监管的障碍之一。

第三，缺乏广泛的宣传和教育。网络地理信息安全监管的重要性还没有为社会公众所熟知，加上宣传力度不够，造成一些人对地理信息安全监管一无所知。一般来说，政府是地理信息安全监管的主体，社会公众也大多认为这是政府的职责所在，因此很少会主动地要求参与其中。另外，除了政府对公共参与地理信息安全监管宣传的忽视，社会传媒也严重缺少对这方面的宣传。公众参与地理信息安全监管需要以传媒作为交流平台来扮演监督者这一重要角色。媒体具有提升民众的素养、传播信息的积极作用。传媒作为特殊的社会组织除了报纸、杂志等信息传播之外，虚拟的互联网络也在其中，它一般称为“第四种权力”。

第四，我国缺乏行之有效的网络地理信息安全监管公共参与机制。从欧美国家的经验来看，定义公共参与行为的法律地位，精练的组织部门、法定性的程序、有效的仲裁机构都决定着公众参与是否能顺利展开。由此看来，我国公共参与地理信息的监管还处于较低水平，这跟我国尚未建立行之有效的地理信息安全监管公共参与机制脱不了干系。由于我国对地理信息安全的监管开头较迟，公众参与地理信息安全监管的机制仍处于理论研讨和实践探索的进程中，公众参与也没有健全完善的机制来支持地理信息安全监管的过程。比如反馈机制的缺乏。目前，在地理信息安全监管这一进程中，公众参与的行为与结果由于缺乏相应的反馈机制而不能得到有效的响应，一般会出现有参与无反馈、参与有行为而无结果两种现象。很多地区通过在地理信息传播、使用审批过程中建立相关的公众意见提交通道，使得地理信息安全监管的前置性公众参与得以进行。然而由于缺少意见反馈的程序作保障，公众往往是有参与而无反馈，这严重地影响了公众参与地理信息安全监管的积极性。

（三）建立健全网络地理信息安全监管公共参与机制

我国公共参与网络地理信息安全监管的过程中存在许多的不足，导致这种不足的原因是多方面的，但其根本的原因还是我国目前的地理信息安全公共参与机制自身不健全。因此，为了使公众能更好地参与到我国地理信息安全监管的过程中来，就需要建立健全我国地理信息安全监管的公共参与机制。

1. 建立健全网络地理信息安全信息公开机制

建立和健全公众参与机制，首要前提就是要加快解决公众与政府之间信息不对称的问题。通过保证信息交流的畅通，来实现对于地理信息安全长时间而且有效的监管。公众可以通过信函、电话、传真、电报、邮件等多种方式向地理信息安全监管部门反映一些问题或者提出自己的建议，还可以直接与相关工作人员当面交流。对于公众来说，取得地理安全信息主要通过以下方式：第一，是政府负责地理信息安全监管的有关机构发布基础地理信息的；第二，是通过政府审批的企业对地理信息的传播或使用后的新描述和评价信息；第三，是新闻媒体对地理信息安全监管方面的舆论监督信息、认证机构发布的认证信息等。相关的政府监管部门必须向公众公布有关政策法规，并将地理信息安全监管的实际情况对社会公众公开，让公众全面了解地理信息安全和监管的信息，激发公众参与地理信息安全监管的积极性，并且能够主动地投身于这项工作中来。

地理信息安全监管部门制定监管部门信息公开的指南以及公开目录，需要根据监管工作的特征，在公开方面做好两方面的工作：主动公开和依申请公开，为公众行使参与权、监督权打下坚实的基础。首先，指南要详细地描述地理信息安全监管工作的范畴和每个环节的具体工作内容，主要包括行政审批的种类、核准、备案事项，各类事项的审批依据、审查程序、申报要件、办理的时间要求等，让普通市民更加深入了解监管工作。其次，进一步明确主动公开和依申请公开的地理安全监管信息的涉及范围，并且对主动公开的地理信息严格按照时限要求及时公开。

2. 建立网络地理信息安全监管的多元协作机制

只有在调动营利组织（包括公众、媒体等）参与积极性的情况下，才能对我国公共参与地理信息安全监管的多元协作机制的建立健全起到推动作用，同时还要发挥各类社会力量的作用，强化政府与参与主体之前的相互合作，在全社会营造出对于地理信息安全协调合作、共同监管的良好氛围。

（1）健全沟通协商机制

要努力促进政府与第三部门、政府部门内部以及政府与公众之间的合作，能够促进多元主体彼此之间良性互动，这样就可以保证两者可以共同进行日常管理和监督。为了更好地预防测绘违法行为的出现，营造良好的管理环境，需要建立和完善沟通协商机制，通过信息传递，共同深层次地发现问题、分析问题，并及时给出解决办法。此外，多元主体还要将自身的优势充分发挥出来，共同努力，相互配合，并且采用企业信用评价、信息互通等方式，构建紧密联系、协调一致的公共参与监管机制，为构建统一开放、适度竞争的测绘地理信息市场打下坚实有力的机制基础。

（2）要充分发挥非政府组织的优势

地理信息安全监管过程所需消耗的资源很广，单凭政府的调拨，经常会出现资源供给不及时或资源短缺等情况。此时，就需要借助一些能够弥补政府供给不足的非政府组织。非政府组织具有跨行业、跨部门的特点，其所具备的公益性能够迅速整合各类民间资源，在很大程度上缓解对政府的人力、物力的消耗。非政府组织根植于群众之中，良好的群众基础促使其具备了这一专业性优势，不仅可以使其透过宣传等形式让公众关注地理信息安全，也能够带动营利组织投入监管中。然而，由于经费缺乏以及人力不够的问题，使得效果不明显。总而言之，加大对非政府组织的投入，加强对其支持与培养力度，建立健全非政府组织参与制度，这对于解决我国非政府组织所处的困境十分重要。与此同时，非政府组织也要强化自身的能力建设，与政府之间实现双向互动。

（3）建立与媒体间的互动机制

媒体在地理信息安全监管中也发挥着不可替代的作用，尤其体现在地理信息的网络监管方面。要实现媒体间互助的共赢局面，政府可以从以下几方面着手：首先，要善于借助媒体。通过媒体的力量，能够进一步促进公众的了解和参与度，推动政务公开与舆论监督，也在一定程度上抑制监管过程中的权力腐化问题。其次，这种与媒体间的良性互动关系，能够保证错误信息的及时传播，保障了公民的知情权，进一步完善社会舆论的引导，引导社会舆论向正确的方向发展。媒体在关于地理信息安全的公开过程中，要能明确自己的职责，要对公众和社会负责，广泛宣传地理信息公共参与监管的相关知识、渠道，深刻揭露危害我国地理信息安全的违法事件，激发公众的参与热情；同时，对地理信息的相关报道中，要严防涉密地理信息泄露。

（4）引导企业充分参与

与非政府组织一样，企业在地理信息安全监管中的作用也是必不可少的。比如很多地理信息的传播和使用就发生在同一行业，作为当事人，各个企业理应第一时间与政府有关部门进行信息反馈。同时，企业自身可以自主地参与到地理信息安全监管中。对于政府和企业的互动，政府主要从企业的日常经营活动入手，将会导致危险的因素从源头杜绝，要加强企业安全监管的指导、教育。其次，政府要不断创造条件，将企业参与监管的途径和范围拓宽，最大限度发挥企业在物力和人力上的特长，并与企业构建较好的协作关系。

3. 建立健全网络地理信息安全公共监督机制

（1）建立不同的网络地理信息安全监管举报方式

网络技术的快速发展给人们的相互交流提供了更加便捷的方式。现代信息技术因为安全、高效的特点使它成为与政府信息沟通和交流的主要方式，同时现代信息技术也给公众参与监管提供了快捷的方式。有意愿参与地理信息安全监管的公民随时能够通过网络参与其中，公民可以将违法行为向有关部门反馈，有关部门也要能够对公民的这些反馈进行及时的解决。同时，公民的举报是自愿的，公民在能够依法举报的前提下，无论采用匿名还是实名形式进行举报都是可行的。

（2）拓宽公众参与网络地理信息安全监管的渠道

就公众参与地理信息安全监管的形式和渠道来说，发达国家有着比较成熟的经验，如构建公共通讯站、实行听证制度、进行民意调查等。特别是可以将听证制度运用到公众参与监管的领域，这个渠道已在其他领域得到推广，也得到了一些较好的反馈。因此政府可以将这项制度在网络地理信息安全监管领域进行推广。

4. 建立健全网络地理信息安全公共反馈机制

反馈机制是政府相关机构在公共参与地理信息安全监管的过程中，对公众就地理信息安全监管所提出的要求、意见等做出的反应或者反馈。这使得政府能够全面了解地理安全信息的情况，并在此基础上通过科学决策采取有效措施应对相应的地理信息安全问题。对公众参与的反馈是增强公众参与积极性的核心。建立切实可行的地理信息安全民众参与反馈制度，首要任务就是在公众和监管部门之间构建一个有效的沟通平台，与此同时监管单位要对民众所反馈的信息进行及时的分析和调查，要认真解决相关问题，并将最终解决的结果告知公众。政府监管部门必须重视公众提出的意见或建议，对公众提出的意见或建议进行严谨的分析，对于那些公众提出的意见或建议中不能接纳部分也要及时告知公众，也要对公众的积极参与给予感谢。所以说，监管部门要本着为公众服务的态度，要树立起自身的威信，并且要能够尊重公众，提高公众参与的积极性。

5. 建立公众参与网络地理信息安全监管的激励和奖励机制

（1）构建参与监管的激励机制

公众参与地理信息安全监管是值得肯定和赞扬的事情，社会应当尊重和推崇这种行为。但是，地理信息安全的监管会让不法者的利益得不到满足，有时会受到报复。为了更有效地让公众参与到地理信息安全监管中来，有必要将错误传播或滥用地理信息的不法分子绳之于法，建立对举报者的法律保护和奖励制度，鼓励大众同违法行为作斗争。有关法律法规、方针政策要不断完善，一方面可以加强对于对举报者、证人的监护，另一方面可以对这些举报者进行奖励。此外，政府还要对公众的参与成本给予补偿。公众参与肯定是有成本的，参与者投入的时间与精力，在视时间为金钱的现代社会自然是一种成本。同时，公众参与在组织过程中也需要消耗一定的成本等等。所以补偿其参与成本也是一种激励措施。

（2）加大对激励措施的宣传

政府已经出台了相应的奖励制度，激励公众主动检举揭发并同这类违法行为作斗争。政府要不断加强对于公众参与地理信息安全监管的宣传，借助网络、媒体的力量，让公众更好地了解这些奖励措施的内容，让公众更好地了解相关的政策，激发公众地参与的积极性。与此同时，及时执行公众参与地理信息安全监管奖励制度是十分有必要的，当公众看到了参与带来的实际效果，且达到了公众的心理预期效果，公众就有了参与其中的积极性。

（3）构建良好的地理信息安全监管外部环境

社会公众是地理信息安全监督最广泛的支持者，在新形势下应使公众认识到网路地理信息安全的重要性，营造和谐的网络地理信息外部环境十分有必要。因此，首先从教育抓起，而教育要从学生层面开始，在中小学教材中加入地理信息安全内容，并在高校开设相关地理信息专业，增加对于地理信息安全管理的了解。其次，因为网络发展迅速，应充分发挥传媒的宣传作用，从政策法规角度进行宣传，推动地理信息安全知识的普及，为有力构建网络地理信息安全体系提供支持。最后，借助电视、报纸等媒体，采用线上线下相结合的方式加强对公众的宣传教育，例如，有关部门要充分利用“8.29”全国测绘法宣传日开展诸如国家保密法、安全法、设施保护法等法律普及活动。在公众中开展形式多样的活动，通过这种全面的活动的开展增强公众的网络地理信息安全意识，这样不仅提高公众认识与参与积极性，同时也为网络地理信息安全构建了良好的社会监管环境。

三、建立健全技术开发、应用与管理机制

信息技术对于地理信息安全具有至关重要的作用，可以说信息技术

是最根本的信息安全的保障手段。实现地理信息安全，必须建立国家地理信息安全技术保障体系。地理信息安全技术管理的政策研究是以地理信息技术的开发、创新与应用为对象的研究，目的在于促进地理信息技术的创新和进步，以及有效应用地理信息安全技术以保障地理信息安全。

（一）地理信息技术研究的重要性

1. 地理信息技术是地理信息安全保护的首要保障

随着经济不断全球化，相较于传统地理信息安全保护，现代网络化发展越来越迅速，只有不断地更新和发展，才能够应对更加复杂的形势，管理手段与方法多样化，正是由于在这样的背景下，对风险管理提出了更高的要求，信息行业尤其如此。因此，面临网络化时代的发展，需要加大对信息技术利用的重视。网络地理信息安全保护在测绘与电子领域的发展尤为重要，面对测绘非法活动的高科技趋势，如果地理信息技术不够健全，不够完善的话，只能眼睁睁地看着重要地理信息受到侵犯，所以为保护好地理信息安全，发展现代化地理信息技术显得尤为关键。

2. 地理信息技术是实现信息保密与共享平衡的关键方式

地理信息活动的两个重要方面是信息的保密与信息的共享，地理信息安全是实现信息保密与共享平衡的关键手段。在这一过程中，地理信息技术水平决定了两者间能够实现多大的平衡。一者，先进的地理信息技术拥有更高的精度，比如，数字航拍的效果远优于普通的测绘；二者，要以更加高效、快捷的形式方便使用者的使用，就必须运用更加先进的地理信息技术，例如，就方便程度而言，电子地图就远远优于纸质地图；三者，要最大限度地掌握可公开信息的范围，地理信息技术水平的高低决定了公开地理信息的掌握范围，同时更有利于加强对地理信息安全的保护。

（二）地理信息安全风险管理相关的技术与应用

以下是影响地理信息安全管理环节的技术。

1. 遥感技术

20 世纪 60 年代，遥感技术应运而生，这是一种高科技的探测技术，它依托航空摄影和判断，借助技术的进步，形成综合性感测技术。这种技术源自于电磁波，将地物目标的电磁辐射信息借助卫星、飞机等进行集中，然后通过数据处理形成影像，进而对地球上环境、情况做出判断。遥感技术具体有很多的优点：首先，可以覆盖的区域十分广，就目前而言，普通的航摄飞机辐射范围在 10 公里，而陆地卫星轨道的辐射范围可以到数百公里，在这种情况下图像可覆盖 3 万多平方公里，换言之，要想对我国的全部国土进行覆盖，借助约 600 张左右的陆地卫星遥感图像就行了；其次，对于地面条件和天气条件的依赖程度低，受到这些因素的限制较小；最后，与人工测绘最大不同在于，有的人工测绘需要若干年才能完成一次，而遥感技术的运作周期短，可以在较短时间内完成任务。正是由于这些特点的存在，使得我国一直强调对于遥感技术的开发和运用。最早开始就是 20 世纪 50 年代，为了方便拍摄，我国还建立了相应的团队。我国的遥感技术随着第一颗人造卫星上天后逐渐得到重视，随着在“六五”计划中将其列入国家重点科技攻关项目而得到较快发展。

2. 水印技术

水印技术主要指数字水印，是一种信息隐藏方式。借助这一技术，我们可以在不对原载体的使用价值造成影响的前提下，在数字载体中直接嵌入一些标识信息（即数字水印）。水印技术之所以有如此重要的作用主要在于它的特性：首先，水印技术具有很好的隐蔽性，不容易被发觉与感知；其次，水印技术提高了数据抵御被篡改风险的能力；最后，鲁棒性也是该技术的一大特性，这指的是水印技术在经历多种有意或无意的处理后，不仅能够被准确发现，而且完整性相对较好。目前，数字水印技术是一种热门技术，在世界范围内，我国的数字水印技术的发展居于世界前列，还具有自身的特殊之处，就我国目前形势来看，关于这一技术的相关部门，包括政府、科研院所、学校，都处于一种较好的情况。

3. 网络爬虫技术

爬虫技术，主要指网络上自动抓取网页的一种程序设计。此技术通常用于验证链接的可行性，同时这种技术也能够保存网页中的有关信息，成为搜索引擎。利用网络爬虫在搜索引擎中的重要功能，在地理信息和地理数据的使用过程中收集数据信息。通常来讲，短时间内抓取网页的数量与该技术水平成正相关的关系。有时由于某些数据量太多，人为操作会导致一些失误的产生，而采用该技术可以避免出现这样的情况。

4. 密钥技术

从某种意义而言，其实密钥就是一种参数，是在算法中将明文与密文相互转换所输入的数据。所以说，从根本上而言，密钥技术是一种通过数字算法进行数据加工处理的技术，提升数据加密性。通过这种方式来保护数据不被非法阅读、窃取以后，只有在输入相应的密钥之后，文件和数据才能将本来内容显示出来。根据其对称性，密钥技术通常分为对称式与非对称式密钥技术，前者是单一密钥加密与解密，后者则是使用两个密钥进行加密和解密，也就是俗称的“公钥”和“私钥”，一定是在两者共同使用的情况下才能解密。后者在安全性上拥有很大的优势，主要在于相比于单密钥在传输时容易面临被攻击风险，私钥能够有效实现解密，从而提升了数据传输的安全性。密钥技术的发展极大地促进了地理信息安全风险管理的进程，而且密钥管理技术的使用极其广泛，在地理信息数据中具有重要作用。

（三）我国网络地理信息安全技术管理存在的问题

对于我国地理信息安全技术的管理主要从技术创新与促进地理信息安全技术的应用两方面进行，大多数涉及我国地理信息安全技术管理的政策文件都与这两点有关。然而，在测绘地理技术与保密技术飞速发展的今天，虽然已经制定了一些方针政策，但也还存在着一些问题，以下是我国地理信息技术发展的一些制约因素。

1. 法律政策规定存在部分空白

首先，从法律层面来看，目前针对测绘地理信息与地理信息安全而颁布的法律只有《中华人民共和国测绘法》，相关内容有涉及的《中华人民共和国保密法》，只是从整体上做出要求，对整个行业却没有具体的规定，所以，需要进一步推出专门的地理信息安全法律法规。其次，在行政层面，具有针对性的法律法规也不多，其中，相关条款涉及地理信息安全技术管理的相关内容的，也只有《中华人民共和国测绘标志保护条例》和《基础测绘条例》做出相应地理信息安全管理规定，实际上我国并没有一部专门针对地理信息安全技术管理的行政法规，这明显跟不上目前我国急需加强地理信息安全立法的形势。再次，由于地理信息测绘部门众多，除一些基础测绘单位外还有许多其他单位会触及测绘工作，因为每个行业具有特殊性，再加上出于对地理信息安全的保护目的，部门间各自规定不同，这也给全国范围内标准的统一造成了障碍。例如，与相关水利部门测量部门不同，在我国东部沿海某地质勘测单位，为了保护地理信息的安全，对部门员工做出不允许使用包括苹果、黑莓等在内的外国品牌手机的规定，重要资料的拷贝也禁止使用 U 盘等。

2. 现行政策难以跟上发展形势所需

我国现行的地理信息安全技术政策在发展进程中，政策数量众多，随着形势的发展，其针对性与适应性出现了明显的不足，主要体现为：首先，现行地理信息安全管理政策大部分是20世纪制定的，距离今天已经有二三十年，一方面，考虑到要确保政策的延续性和严谨性，在政策颁布后不能随意变动，但是随着新形势的发展，以前的政策不能很好地适用于现实情况。同时，也出现许多法律政策空白，这给地理信息技术管理增加了不少难度。为确保政策的时代性和适应性，要根据形势的发展对已经制定出的政策进行不断的完善，其中尤其要关注科技领域，只有跟上科技发展的潮流才能促进科学技术政策的发展。在地理信息安全管理上，技术的日新月异对政策的修改与制定提出了更高的要求，为进一步加强地理信息安全领域的监管，积极激励科技创新与推行相应政策起到重要作用。《关于颁发〈测绘科学技术进步奖励办法（修订稿）〉的通知》这一文件中的第三章第九条规定：“对国家级项目或国家测绘局测绘科技重点项目设置三个等级，奖金额分别为两万元、一万元、零点五万元，对于其他情形同样设置了三个等级，奖金额分别一万元、零点五万元、零点三万元。”根据实际情况来说，该通知的奖金设置明显偏低，不利于对技术创新的积极性的提高，具体标准应结合实际情况予以确定。在《关于印发〈航空摄影管理暂行办法〉的通知》中第二章第五条规定：在航空摄影项目中，1:500至1:100000基本比例尺地形图测绘可申请加入航空摄影计划。但根据我国目前的测绘水平，如果要加入航空摄影计划，比例尺精度应高于此标准。其次，除已制定政策存在年限久远、适应性不足的问题外，在政策实施过程与管理过程中也存在不足的地方。打个比方，我们选择密钥技术来进行分析。密钥技术，是地理信息安全风险管理领域四种技术中的一种，该技术目前广泛运用于地理信息安全以及保密领域中。但是，纵观当下的政策，还缺少一项具有针对性的政策对密钥技术进行管理，而且，在其他技术管理中，同样存在一定程度的缺位现象。

3. 地理信息技术标准体系不健全

对于“标准”而言，它指的是将事物和概念在一定范围内所做的一种统一的的重复性的共性规定。标准的制定与执行是通过科学技术与实践经验，两者的综合分析与相互结合，以此为基础，获取最优的秩序，从而达到最佳的社会效益。某一种特定的标准源自相关各方的讨论、论证和协商，只有它们都处于一致的状态，才能让主管机构批准，再通过一些特定的形式进行发布。当拥有了这种健全的体系，才能够为大家遵守相关的标准提供准则和依据。标准的定义（草案）是在 1986 年由国际标准化组织发布的 ISO 第 2 号指南中提出的，即“能够被一致（绝大多数）认同，并通过公认的标准化团体批准，以作为工作或工作成果的衡量准则、规则或特性要求，用来提供给（有关各方）一起反复使用的文件，为了在特定范围内达到最佳秩序化程度”。

以信息化和网络化的大环境为背景，地理信息技术标准的制定和执行要结合我国地理信息技术和产业发展的实际需要，以此来维护地理信息服务和市场的有序进行，从而进一步保护知识产权，保证涉及国家利益的地理信息机密的安全性。

地理信息技术标准的制定与执行是实现地理信息安全技术有效管理的前提和基础。但是，在目前现行的国家地理信息标准体系中，关于网络地理信息产业方面的技术标准的规定还存在许多不科学、不合理的地方。例如，当前地理信息的分级分类标准大多数还是传统的方式，即以面积和比例尺为考量标准。过多地利用这种传统模式，会造成带有较强敏感性的区域因面积的大小或比例尺的大小与相应分级分类不相符而未能纳入合理的保密范围和保密等级等一系列问题，这就使非法行为有可乘之机。

4. 地理信息安全监管技术手段相对落后

地理信息是一门综合类的交叉科学，即融测绘、技术、勘探、绘图等技术于一体的学科领域。所以，我们要将科技手段运用到地理信息安全监管中，仅仅通过以为监管无法在最大范围内清除地理信息安全威胁。与此同时，因为存在技术壁垒以及经费不足等多种原因，使得已使用的地理信息安全监管技术手段存在滞后的状态。

当前，物理隔离作为使用的地理信息安全监管的主要技术手段，在世界各地普遍使用。物理隔离技术起源于军方，典型代表是以美国为代表的军事技术部门，目的是为了保证安全性，尤其是涉密网络与公共网络的接触。2000 年 1 月 1 日，国家保密局颁布了《计算机信息系统国际互联网保密管理规定》，该规定的第二章第六条中指出："不论通过直接或间接的方式，计算机信息系统一旦涉及国家机密，就不得与国际互联网或其他公共信息网进行连接与交互，必须实行物理隔离。"目前，当外部环境需要使用数据时，为保证数据的安全，我们只能通过签署保密协议来进行相关的约束。由此可见，也正是因为这个原因造成了地理信息的不安全。

另一层面，当前的地理信息安全方面的事后补救措施主要以屏蔽技术为主。目前互联网被普遍应用，各类信息交流频繁、自由，地理信息也不能避免，所以当下对于地理信息的处理方式主要是针对网上传播的地理信息是否涉及国家机密的信息数据或测绘地图，如果涉及国家机密的一定要通过网络屏蔽技术加以屏蔽，防止地理信息的外泄。由于网络传播速度飞快，网络屏蔽技术具有很强的滞后性。通常在网络屏蔽技术运行之前，涉密的地理信息的非法传播已经开始。而且，涉密地理信息被移动介质非法拷贝、传播和使用，此时网络屏蔽技术无法屏蔽，也就很难实现对于涉密地理信息的监管。

（四）建立健全地理信息安全技术管理政策体系

在政策层面，我国的地理信息安全技术管理存在诸多的问题，同时结合地理信息安全风险管理的特征分析讨论，对于进一步完善地理信息安全技术管理的公共政策提出以下几点建议。

1. 要加快地理信息安全技术管理的顶层设计

当前，加强网络地理信息安全技术管理的顶层设计的首要任务就是为地理信息安全领域提供专门性法律，换句话说，就是需要在《中华人民共和国测绘法》的基础上，再设立一部《中华人民共和国地理信息安全法》。所有测绘地理信息部门，要以本单位和本行政区的特点为依据，并规划出不与国家层面的政策相抵触而且符合各自工作特点的部门规定和地方性规定。其次，和测绘领域相类似，地理信息安全领域涉及的内容很多，所涉及的工作也很广泛，深究地理信息安全风险管理的具体领域，理应出台一部专门的行政法规《中华人民共和国地理信息安全风险管理条例》作为该领域工作的法律规范性文件。可以采取如下方式：在地理信息安全技术方面做出相关政策规定前，国家测绘地理信息局首先需要向国土资源部进行报告，之后联系水利、交通、住建与其他涉及测绘工作的部门与单位，共同出台通用规定，倘若需要制定重要政策规定时，必须再向国务院上报，由国务院或国务院办公厅进行批示。通过这种方式拟制出的政策一是可以避免出现承担测绘工作的各单位政策不一的现象，二是可以在全国范围内具有普遍指导性。

2. 在地理信息安全技术管理层面要加快现有政策的完善和更新

如今我国在地理信息安全技术管理方面的政策普遍存在政策内容与时代不符的问题，这些政策的制定年限距今年代久远，无法与当今社会环境需求等相匹配。所以，我们应当及时地更新和调整现有政策的相关规定以适应社会发展的变化和新形势下的具体问题；另外，技术发展进程中萌生出一些新事物和新研究领域，先前的旧政策可能不能囊括新的现象，此时有关部门就应该及时做出政策的补充规定，以填补这一部分的空白。例如，制定可以促使将先进的监管技术手段强制性投入地理信息安全监管的政策，来替代如今带有安全隐患的监管技术。当前，监管技术可从事前、事中、事后及全程监管这四个阶段来设计。事前监管可使用绑定技术。绑定是指在规定时间、规定机器上外流的涉密地理信息数据资源只能使用规定的次数。这个举措可有效控制和规范涉密地理信息数据资源的传播范围和使用，并且在涉密地理信息被使用前就为其添置了安全绑带，能有效避免先前移动介质的非法拷贝、传播、转让等行为。目前，绑定技术主要应用于地理信息安全事前监管。内网控制是事中监管的一种，主要是指通过特定的服务器客户端才能有权限对相关地理信息数据资源进行访问。与此同时，通过服务端，可以对执行注销、重启、关机、取消等命令进行全方位的控制。如此，在阻断外接介质的情况下，在内部环境中使用地理信息数据较物理隔离更为安全，且通过设置权限，可有效阻止数据外泄。爬虫技术是一种事后监管，它适用于重要地理信息资源，比如网络监测违规发布的地图等。依托对敏感性地理信息的识别，并进一步检索获取信息源，这是爬虫的主要功能，通过这种方式，可以帮助地理信息安全监管行政主管部门开展后期的查处与治理工作的。使用爬虫技术，可以高效率、高精准地对这一系列信息进行检测，可以在排查未获审查批号的地图信息等难题时，避免人工检索监控的困扰，对事后监管起到有效的促进作用。

3. 加快建设合理的地理信息技术标准系统

针对目前现有地理信息技术标准系统存在的各类问题，我们首先需要解决的，是一些标准设置不科学，以及一些需求程度较高的标准仍处于“待制定”状态的问题。现今，我们必须尽可能攻克技术标准合理化的难题，只有这样，才能够进一步加快建设合理化地理信息技术标准化的进程。

从现行的标准体系来看，弊端最为突出的是分级分类技术标准。我们需要对地理信息数据分级分类技术进行一些调整，即由基于敏感性要求划分替代先前的根据面积及比例尺大小来划分涉密地理信息范围。其中，敏感性主要包括两种，第一是位置要素，就是带有敏感性的所有方位、位置且不论覆盖的面积大小或呈现出的地形图比例尺大小能否合乎“标准规定”，都需要被划入分级分类中保密范围内。此外，越过这类位置之外的地区便一律视为开放共享区域，即使是在规定面积或比例尺大小范围内的超出也包括在内。其中，敏感性要素最为形象的表征，就是军事地区。另外一种要素是属性，就是所有涉及敏感性的属性对象，都要归入保密范围。这里所谈到的属性，主要适用于除地表以外的空间或地下地理信息数据。高层坐标数据、地下管网等都是经常见的敏感性属性。人们想要将先前笼统的规定转变为适合而又实际的保密需求而又实用的新标准，这势必需要改变地理信息分级分类技术标准的制定思想。这一举动将不仅使得地理信息安全监管更具有针对性，还能适当缩减保密范围，在很大程度上降低地理信息安全监管成本。

4. 完善地理信息安全技术开发与应用政策

首先，要求涉密单位强制性使用安全保密技术。地理信息安全主要通过数据加密技术、认证和识别技术、信息隐藏与数字水印技术、地理信息安全检测技术、互联网地理信息安全监管技术、访问控制技术来实现。要强制性要求涉密地理信息从业主体必须符合一定的技术标准，并把强制性使用某种安全技术作为准许提供涉密地理信息服务的前置性条件，给应用安全提供全面的安全服务和保障服务。其次，采取多种措施鼓励地理信息系统安全技术的研发。对于我国自身而言，地理信息系统构成要件当前几乎不存在完全的自主知识产权。常用的硬件、软件、数据库、网管软件、各类应用系统、防火墙、路由器、服务器、调制解调器、网络接入设备等几乎都是国外产品，大多数的微机芯片、TCP/IP 协议等都是 INTEL 系列，软件则是 WINDOWS 和 NT 系列。为防止受制于人，打好保障地理信息系统安全这场硬仗，我们要尽快研制开发拥有我国自主知识产权的电脑核心硬件和电脑软件的操作平台，同时加快一些关键技术的研发，如防止和保护电子信息泄露技术、信息完整性检测技术、跟踪评测安全审计技术、唯一性身份识别技术等，逐步形成基础地理信息网络、涉密地理信息系统以自主可控的核心技术为主的新格局。再次，要完善国家地理信息安全技术开发经费保障体系。网络地理信息安全是敏感信息地带，因此国家为达到控制技术、控制经营管理权的目的，亟须加强对这一未来产业的控股。建议成立国家地理信息安全集团公司，一方面将现有的生产、科研、开发力量加以协调整合，将地理信息安全保障体系经费以国防经费的形式纳入国家财政预算计划，并以立法的形式使地理信息安全保障体系建设经费占信息化经费的比例更加明确清晰；另一方面通过运用集团公司的机制来吸收社会资金，并依照相关的进度要求来研究、应用我国信息安全所急需的关键技术和设备。并通过分离资金所有权和代表国家利益的公司管理权，来实现国家对地理信息安全的绝对性控制。最后，建立地理信息安全重大技术或涉外技术交易特别审查机制。即对于重大或涉外地理信息技术交易项目，为明确相关知识产权背景，应提前将知识产权分析报告交到行政主管部门再予以报批，并交由省级以上技术交易特别审查委员会审查批准。省级地理信息主管部门认为重大地理信息技术的知识产权问题由于其复杂的特征，使得难以得出结论，这时就要向省技术交易特别审查委员会提出技术审查申请，专门委员会得出技术审查报告后，提交省级以上技术交易特别审查协调领导小组研究做出结论。

四、建立地理信息安全政策协同供给机制

政策供给是指政策供给主体为了满足需求或实现公共利益而“生产”和提供对应政策的决策方式。尽管政策需求会影响政策供给，但是政策供给最终是由一定政治经济秩序下权力中心的政策供给意愿和水平决定的。地理信息安全的政策供给就是政府为了现实要求，根据自己的意愿和能力，结合多方面的条件对地理信息安全监管问题进行的决策。但是就目前来看，我国现有的地理信息安全政策不够系统、不够完善，比如缺乏富有针对性的地理信息安全保密范围与保密等级政策、缺乏地理信息安全的长

远策略、地理信息共享政策不够完善等。而这种政策的缺失和滞后很大一部分原因是政策的供给环节出了问题。政府作为政策供给的主体，需要对地理信息安全政策的维度、供给过程等方面加以完善。

（一）地理信息安全政策供给概述

一般而言，我们可以把政策供给看作是按需求制定出相关政策的行为。在现代国家中，人们通常把制定政策称为决策，所以制定政策与决策有时是同一概念。但严格说来，政策制定过程与一般的决策过程并不完全相同，前者是一种高层次的决策过程，从这个意义上说，政策制定是包括在决策的范围和过程中的，是一种特殊形式的决策。地理信息安全政策供给的主体为中央和地方各省级政府机关，以及经这些机关授权的其他国家机关。地理信息安全政策供给程序包括三个步骤。

第一步是及时发现问题。地理信息安全政策供给的出发点与前提条件就是要明确需要解决的地理信息安全的相关问题。当我们把地理信息安全政策供给看作是地理信息安全的政策制定时，前者实际上就是一种特殊的决策。通常来说，决策的出发点及其最终目的就是处理问题。决策的过程就可以看成是了解并解决问题。因此，地理信息安全政策供给的过程就是发现地理信息安全问题，加以研究，制定出相关政策来处理这种问题。确定问题是处理问题的第一步。发现、了解并分析地理信息安全问题可以采用“KT 分析法”，是由美国的凯普纳（Kepner，C.H.）和崔戈（Tregoe，B.B）提出来的。首先要确定地理信息安全问题，就是确认是否存在问题及问题在哪里；其次是界定地理信息安全问题，即要了解问题的程度、性质范围、价值、特征与影响等；最后是分析原因，就是找出导致这种地理信息安全问题的原因，把问题的原因弄清楚了，就等于把问题解决了一半。

明确了地理信息安全决策所要解决的问题后，就要为这样的决策确定目标。目标的确定也需要根据客观要求和现实可能，不能仅凭主观愿望。

如果把地理信息安全的决策目标定得太高，则有可能实现不了；相反，如果目标定得太低，则不利于解决问题。因此地理信息安全政策供给的目标系统应当主次分明，明确可行。我们可以把全部目标划分为“最低目标”（必须达到的目标）和“期望目标”（希望能达到的）两类，按轻重缓急排列成序，以便于进行地理信息安全政策的制定。同时，这些目标的表达应当清晰，通常应包括一定的时间概念、数量概念和约束条件，尽可能地详细化、标准化。总之，确定目标是地理信息安全政策供给的前提，它能为政策的供给提供明确的准则和方向，同时也为地理信息安全政策方案的选优提供标准。

第二步是调查研究，设计方案。简单地说，地理信息安全政策制定实际就是拟定各种备选方案，再从中选择。其中，可供选择的备用方案的质量，通常很大程度上影响最后政策的质量，因此计划方案是地理信息安全政策供给的基础。设计方案，就是根据确定的目标和调查资料提出解决地理信息安全问题的方法的阶段。设计方案一般要分三步走：一是调查研究广开思路，要依靠并发挥参谋咨询系统的作用，收集各方面的地理安全信息，研究处理地理信息安全问题的一切可能的路径和方案；二是精心设计、严密分析，理性设计解决地理信息安全问题的各种行动方案；三是对全部地理信息安全备选方案可能导致的后果进行比较评估，比较的最直接目的是以差距的方式来显示不同方案的特点和优势，作为决策者选择方案的根据。

一般来说，像地理信息安全这样复杂的决策问题必须设计两个以上的决策方案供决策者选择。同时，为了使决策备选方案能够切实可行，在这一阶段需要进行大量的相关地理安全信息搜集和处理工作，以保证地理信息安全决策方案的设计更加科学、合理。

第三步是评估优选，确定方案。选择方案是地理信息安全政策供给过程中的一个关键环节。在对各种各样的地理信息安全可行方案进行分析对比、评价权衡的基础上，挑选或综合出一个最佳方案或满意方案，从而完成决策，也就是地理信息安全的政策方案。在选择方案的阶段，应当抓好以下环节：第一，确认优选方案的标准。基本标准有：价值标准（经济、社会效益等）、优化标准（投入最小、副作用小）、满意标准（有限理性决策理论，最优标准是无法实现的也是不必要的，因此决策者常常认为选择能够实现目标并且相对比较理想的备选方案即可）、时效标准（即不失时机）。二是组织专家评定方案。通过运用地理科学知识和设备以及现代地理信息技术，组织地理信息方面的专家对备选方案进行分析、评价、论证，总结出备选方案的优势，最终选择出最佳的方案，作为地理信息安全政策方案。①

地理信息产业伴随着计算机技术、数字化技术、遥感技术和网络技术的不断普及得到了飞速的发展，同时它也对我国地理信息安全带来了从未有过的挑战，因而亟须强化对地理信息安全的监管，制定有效的地理信息安全政策和监管体系。这就涉及对地理信息安全政策进行供给，其主要通过政府供给来实现。政府供给来自于政府“公仆人”的行为动机，由政府代表公众意志，并经过一系列制度规范“公仆人”的动机，来实现公共利益的行为倾向。而对地理信息安全的监管就是维护社会的安定和公众的利益，因此，对地理信息安全政策供给是政府责无旁贷的责任。为了实现这个公共目标，政府需要通过公共财政支出筹集所需资金，安排工作人员进行勘察，采集和整理相关地理信息；然后进行信息综合，针对地理信息安全问题提出多种解决方案；最后对几种方案进行筛选，选出一种最符合实际、最令人满意的方案。

（二）地理信息安全政策供给机制的现状

1. 我国现行的地理信息安全政策供给制度

地理信息安全政策供给机制目前包含两种类型。

---

① 金太军、赵晖：《公共行政学新编》，华东师范大学出版社2006年版，第98—100页。

（1）中央与地方纵向的政府协作供给制度

中央政府与地方协同供给。由于中央政府设定的公共政策具有其权威性，可以在全国通行，然而其形成的时间比较漫长；地方政府制定的公共政策可以尽快映射出社会的要求与变化，并且针对性较强，但是相对于中央政府政策来说，地方政策的有效性和权威性较弱，因此要加强中央与地方在政策供给上的协同合作。由中央政府制定的公共政策通过地方政府转化为具体的实施规定，在中央政府遇到新问题时应该先立法予以规范，并请求地方政府预先制定有关公共政策；地方政府的政策不可以与中央政策发生冲突，地方的政策供给需要得到中央的支持与配合，当地方政府遇到需要中央统一制定的政策法规时，通过加强彼此之间的合作，来达到完成中央与地方政府合作供给公共政策的目的。

地方自主供给地理信息安全政策。在计划制度下，地方政府通过中央授权对地方进行管理。自改革开放后，中央政府给予地方更多的自主权力，改变以往权力过分集中的情况。例如，从经济层面来看，地方政府在经济管理上的权限不断变大，其中包括管理事务的权力以及管理财务的权力。从政治层面上来看，地方政府拥有一定的行政和立法权。在不违反中央规定的前提下，地方政府可以根据自身拥有的权限制定一些有需要的相关政策。随后实行的分税制，让中央对于地方财政的依赖程度加深，所以在设计政策时便必须考虑到地方的利益与经济发展。如果中央和地方在地理信息安全政策供给中的利益和目标是统一的，那么地方会积极妥善地贯彻落实好有关措施。但是，由于存在地区差异的因素，会导致影响地方利益的特殊状况的出现，所以不可避免会根据实际情况而做出不同的决定。现如今，一些地方政府官员会追求地方经济的发展，因为这决定了政府官员的绩效，这样就使得地方政府逐渐转变自身的角色，来追求地方经济利益。因此地方政府在执行中央的地理信息安全政策时，已经不再是一味听从中央，而是具体问题具体分析，把相关的政策与地方的实际状况相结合制定出相应的对策，这样的做法让地方政府的政策供给更具灵活性。

中央对地方供给的地理信息安全政策进行监控。地方政府可以根据自身的需求自主供给地方地理信息安全政策。但是地方在供给的过程中，有一种情况可能会出现：当地方的局部目标与中央制定的地理信息安全政策的整体利益目标相冲突时，地方政府会从自身利益考虑，将中央政策错误理解，导致地方与中央的消极冲突。所以，中央需要对地方的地理信息安全政策实施监控，并且在法律上设立监督地方政府的对应机制。就目前来说，除了司法监督是中央能够使用的手段外，行政监督也是经常利用的方法之一。行政监督包含了人事监督与事务监督。为了让中央对地方行政人员与普通行政人员具有监督权，中央建立了专门监督地方政府官员的机构，当出现地方行政人员为了谋求地方利益未执行中央政策时，中央会有对应的方法予以处罚。例如，当中央政府发现或质疑某一地方信息安全政策违背了他们制定的地理信息安全政策时，有权要求地方政府做出适当解释并有权命令地方政府修正，还可以向司法机关控诉地方领导，确定其法律责任。

（2）横向协作供给机制

跨界部门协作供给机制。地理信息安全政策供给过程十分复杂，需要政府借助各方资源来完成庞大的工作量，如实践调查与研究、信息的采集、信息的分析与整合汇总等。由此可见，只有政府各部门之间加强合作，才能更好地完成这项工作。测绘局会把收集到的信息整理，并通过测绘技术对地理信息展开定期的勘察和测绘来确保信息的可信性；地理信息安全相关单位对掌握的信息进行严谨的研究，根据实际情况制定相关的方针政策，并部署我国地理信息安全工作；保密局对涉密地理安全信息进行分级的管理等等。各部门在此过程中通过跨界合作的方式，采用分工负责与统一协调相融合，确保地理信息安全政策有效供给的实现。

区域合作供给机制。在制定地理信息安全政策的过程中，尽管中央会把各个地方的经济发展和利益等要素考虑在内，但并不意味着我国国家地理信息安全政策会一一满足不同区域的地方发展需求。这时各地政府就会积极主动地做出以其实际情况为依据的地理信息安全决策。但是很多时候，一项重大的地理安全信息不仅仅只是会涉及到一个地区，此时各地政府为了寻求当地的经济发展和利益，一定会极力争取、毫不退让。如果每个政府都不考虑其他地区政府的利益，只根据自己的需求制定地理信息安全政策，分歧和矛盾就会在安全政策的实施过程中出现，从而面临双方的利益俱损的困境。所以，为避免或杜绝这种困境的发生，各地方政府应该加强合作，一起探讨地理安全信息会产生影响，然后根据各自实际情况再做出一些可行的解决方案，然后进行研讨并对方案进行选择，最后挑选出最适合的方案。尤其要关注的是，最后筛选出的并非“最佳”方案，这是能实现共同受益，双方共赢的“满意”的方案。

建立多元化供给制度。第一，加强政府与市场合作。相关营利性企业取得资格后，就能够通过对地理信息运用从而获取利益，这些企业的自身发展会受到政府制定的地理信息安全政策的影响。企业在地理信息资源传播及使用的过程中也会对其进行分析，所以能够及时知晓信息资源的状况和出现的问题。通常，企业为了谋长远的发展，进一步协助政府制定合理的地理信息安全政策，就会主动向政府上报大量的地理信息安全状况。第二，加强政府与社会组织间的合作与交流。社会组织具有很强的鼓动性、代表性，能够自下而上地将公民的想法汇集给有关部门，从而有利于更加合理且能够满足需要的地理信息安全政策的制定。第三，加强政府与公民之间的合作。政府充分重视公民自身对地理信息安全提出的意见或建议，并对其进行科学严谨的分析与论证，以制定出能够满足公民需求的政策。

2. 地理信息安全政策供给机制出现的问题

目前，我国相关的协同供给机制依然处于摸索之中，还存在着不足之处。

（1）各层级政府事权与财权不对称

我国中央政府与地方政府的分配还不够完善。通常，中央承担制定统一性地理信息安全政策的职责，与此同时，地方政府不仅要服从好中央政策，同时也要负责本区域发展的地方性地理信息安全政策。然而，在具体实施中，未明确中央与地方政策供给责任的界限。自分税制改革后，许多的税权被上交中央，这就导致地方政府的权限不断缩小。我国地方政府还有社会管理以及为公众提供服务的责任，这就需要巨额的财政支出，而与此同时，对于地方地理信息安全政策的供给也需要许多的财力，目前这种中央与地方权限配置存在不均衡的情况会直接导致地方参与地理信息安全政策供给的热情下降。

（2）未明确政策供给协作主体的权责关系

在我国地理信息安全政策供给中，政府之间以及跨界部门合作的方式等都出现了权利与责任的分界限不够明确与清晰的现象。

未明确中央与地方权限划分。在地理信息安全政策供给中，一方面未明确对事务的管理权，即一个事务是由中央还是给地方来承办，另一方面，一些事务即使已经划分为中央或地方管辖区域，但在实施操作中由于互相侵犯对方权力范围的现象经常发生，从而造成职能“错位”。地理信息安全政策可分为全国性和地方性的地理信息安全政策。中央承担全国性的地理信息政策供给，地方政府则负责地方性的政策供给。中央政府也要对地方进行必要的管理，地方政府也要听从中央的统一领导。然而在实际的实施过程中，经常会出现一些应该由中央政府负责的政策供给任务却交给地方政府来负责。

跨界部门职责界限模糊。由于未明确跨界部门职能，使得地理信息安全政策供给中存在部分模糊地带。在地理安全信息及其资料进行收集阶段，如果发生了严重的地理安全信息外露的情况，那么到底应查究谁的责任?我们姑且从测绘局、国土资源局、保密局这三个部门来看，测绘局运用技术测绘出地理信息，并对信息进行记录，随即进行移交。在这种情况下，测绘局会认为自己只负责测绘信息，不负责储藏，信息的泄露不应该追究他们的责任；国土资源局负责测绘地理信息管理工作，对地理信息的测绘进行监控，但是不负责对重大地理安全信息的保密工作；然而因为处在信息的采集和整理环节，并没有制定出最终的政策向大家公开，保密局也可以把责任推到采集环节。跨界部门职责分工界定并不明确，相互利用法律条文出现的漏洞来推脱责任，部门之间难以形成为一个权责一致的有机体。

（3）区域合作的现实困境

地方保护主义阻碍沟通。虽说我国对于不同行政区划间实施国家统一的财政、经济、税收政策，而行政区划则是隐性的界线，一直影响着地方政府的行为。其中，制约我国区域合作中利益协调的一个重要原因就是区域封锁和地方保护主义盛行，同时也影响了地方地理信息政策区域合作供给的过程。当有利于自身发展的地理安全信息在区域范围内出现时，地方政府就会为了发展自身区域经济水平，提高财政收入，达到自身利益最大化，在制定地理信息安全政策时，把本地区经济发展作为出发点和核心。

采用地方保护主义策略，不断地人为设置壁垒，封锁区域市场，阻碍地理资源和信息的自由、有效流通。

利益协调不畅。区域、部门合作，这是在利益引导下的一种行为，双方期望通过加强彼此之间的交流和协助来追求现实利益。对于共同合作而制定出的安全政策，一方面既体符合区域发展的需要，另一方面也满足自身的利益，达到互利共赢的目的。但是追求自身利益最大化，在双方合作中经常会被作为价值导向而出现，有时会做出违背追求共同利益原则的行为，各地区或有关的部门都在依据自身需求出台政策措施。在一定程度上这些政策的颁布对增强地理信息安全监管具有推动作用。但因为缺乏彼此交流，不同区域制定的政策会有鲜明的差异，这种情况的出现不仅可能造成冲突，而且可能导致监管的低效率。

（4）多元化协作不够完备

一般来说，在市场审核后能够使用地理信息，并及时将存在的问题进行归纳并上报给有关部门，这样能够让政府部门得到可行的意见和建议，并能够借此制定出合理的地理信息安全政策。但是，由于民众参与政策供给的热情和能力不足，加之政府鼓励政策参与的意愿不足，从而约束了组织、公众以及媒体等对地理信息政策供给的参与。

（5）监控机制不完善

除了以上提到的几个问题，我国地理信息安全政策供给机制发展不健全，还有一个重要因素，就是政策供给监控机制结构单一。这主要体现为：虽然执政党和行政系统掌握着比较大的权力，可是人大、司法机关、社会舆论没有将自身的有效性发挥出来。特别是有着监督权的人代会，权力的发挥没有取得令人满意的效果。这种监督权力，从法律上来看，更多是一种象征性的存在，不可能通过现实的操作将其表现出来。这也就导致社会舆论以及中介组织对地理信息安全政策的监控显得更为微弱。在我国，将社会监控孤立了起来，并且受到了一定的控制，视为是对党和政府监控方式的一种补充。所以，有时社会监控渠道不能及时将社会民众对地理信息安全政策的真正想法向政府进行传达，这也就对政府的政策供给造成了影响。

（三）建立健全地理信息安全政策供给制度

我国地理信息安全政策供给机制存在着这样一些问题：政策供给主体职责权限不清晰，管理事务及掌握财务的权力不一致，缺乏相关的协调机制、没有完备的监督体制等。这些问题都影响着不同区域的有效运行：跨界合作供给、区域合作供给、多元协作供给与纵向的科层合作供给等。所以，完善地理信息安全政策供给制度，应该从五个角度进行。

1. 改善中央与层级政府的配置方式

不同层级与中央政府之间的事权、财权并不能较好地协调，经常出现事权下放地方、财权上移中央的情况，这样不公平的状况就限制了地理信息安全政策的供给。相比于其他国家财权分配配置，美国是按照一定的比例形成了由不同地区的政府共同出资的方式。此外，以发达国家的各种经验来说，各地区的层级政府不但事权和财权分配清晰，并且事权和财权之间也是相符合的，事权和财权两者间保持良好的稳定状态，存在多大的事权就有多大的财权。所以我们可以看出，在我国完善地理信息安全政策供给机制的过程中，一定要对中央以及地方政府的事权与财权进行科学合理的配置，减少中央与地方共享税的比重，将层级政府的财权与事权分配机制不断健全，确保各地区的地方政府的财政稳定，从而更好地保障和处理相关的地理信息问题。

（1）妥善分配层级权限

要对中央与地方政府间的职能权限进行科学划分，这对中央与地方纵向合作供给地理信息安全政策有着积极的意义。虽然中央与地方之间的基础关系在我国宪法及相关法律规定中也有提及，但是未能明确两者职责权限的界限。与此同时，我国一直强调地方要服从中央，局部利益服应该服从大局利益，这就使得地方政府与中央政府极容易产生冲突。如果中央不顾及地方利益，就容易挫伤地方的积极性，这样不利于大局的发展，反而还会因为地方本位主义过于严重影响中央的权威。所以，实现中央与地方权责的统一需要采用科学的权责方式来进行划分。在地理信息安全政策供给的过程中，中央在制定此政策时，不能忽略地方利益的特殊性，应该保障和尊重地方利益；同样，地方在制定地理信息安全政策时，要以中央制定的地理信息安全政策为指导，不能违背上位法的精神。所以，要改变传统的总量分割的粗放权责分割方式，通过不断改善相关法律法规，通过分配政府在这个政策中所应当承担的各种责任，保持中央与各层级之间的权责分配和良好的合作关系，有利于更好供给地理信息安全政策。

（2）明确跨界部门职责

在地理信息安全政策供给的过程中，不同的环节都需要不同部门的相互合作，然而部门的合作也存在一定的困难。在这个过程中，部门间会产生冲突和摩擦，比如出现一个严重问题，则会将这个问题推诿给别的部门，如果每个部门都出现这样的意识，就会出现“囚徒困境”的状况。事实上，每个部门都还存在职权的模糊性。这种模糊性会极大程度地降低各部门的工作效率，影响地理安全信息资源的有效性。因此，要加强各部门之间模糊性地带的职责权限的界定，从而保证跨界部门的顺利协作，满足地理信息安全政策的有效需求。

3. 创建区域合作的利益协调制度

为保证区域合作供给地理信息安全政策，切实可行的方法是创建区域合作的协调机制，通过彼此间的交流、联系可以让地理信息资源得到共享，在此之后能够制定出有效的地理信息安全政策。在现实的利益协调中，应该尽量克服或者搁置利益争议，从而在共同利益的基础上，通过平等交流的方式，建设利益协调制度，来实现利益的分配。通过“协调委员会”、“发展论坛”等方式进行地理信息资源的分享，同时要考虑到会产生的一些问题，再制定出一些可行的备选方案，根据实际情况进行选择，最终挑选出一个“最优”的方案。

4. 设立地理信息安全政策供给协调制度

因为不同部门之间存在差异性，此时就要发挥综合监管部门与地理信息规制委员会的协调作用，协调发布和实行相应政策规定，做到依据统

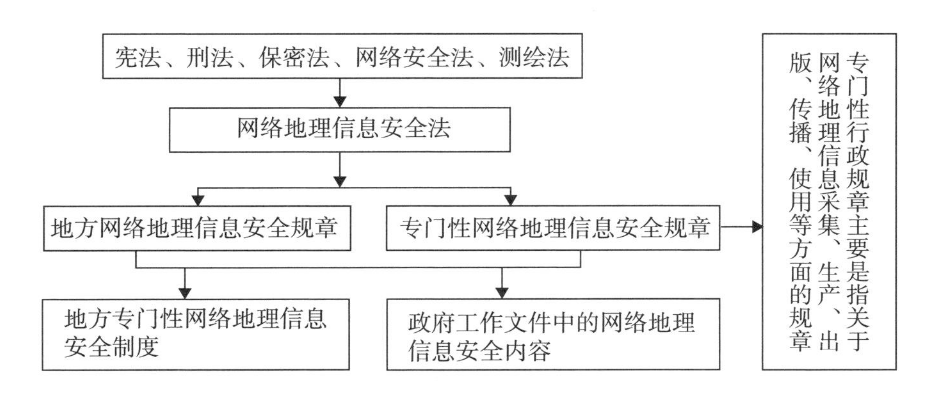

图 6—4　网络地理信息安全政策法律体系图

一，提升政府的地理信息安全政策供给水平，设立完善统一的地理信息安全政策框架系统。

5. 不断完善地理信息安全政策供给问责制度

对地理信息安全政策供给进行监管和约束，从而使得参与地理信息安全政策供给的成员都承担对应的责任，这就是行政问责制。因此，我国应尽快完善我国的行政问责制。

首先要强化权力机关监督与问责。一方面，要建立重大地理信息安全政策颁布前的审查机制，即，成立专门的小组对即将投入实施的地理信息安全政策进行可行性分析。另一方面，确保人民代表大会一些权力的履行，从而增强人民代表大会对地理信息安全政策供给的监督，确保人民代表大会对地理信息安全政策供给的问责权。

其次要加强社会监督与问责。达尔说，无论是阻止多数人的暴政还是阻止少数人的暴政，政治学家要把注意力放在社会上的多元制衡，而不是宪法上的分权制衡，尽管宪法上的分权制衡也是民主能够实现的重要前提条件。所以，借助民众以及第三部门力量影响政府的一些行为决策，来保证政府对地理信息安全政策的切实有效。因此，政府要在公民问责与权力监督机构之间建立可行的对接机制，在权力监督体系中加入公民可问责的意愿，通过宪政体制的运作来实现对在地理信息安全政策供给中乱作为或不作为的政府及行政人员责任追究与审查。此外，应以法律详细规定非政府组织参与地理信息安全政策供给质量和效率的评估及监督的权利，强化非政府组织对政府地理信息安全决策的问责与监督机制，在社会监督问责中，新闻媒体方面的问责与监督也是其中一个重要的渠道。在西方国家，新闻媒体被认为是三大权力（立法、司法和行政）之外的“第四种权力”。《新闻法》的颁布，重点就在于约束并限制新闻媒体在问责过程中的一系列行为，比如权力大小的范围，监督的一系列过程。要真正使得新闻媒体在地理信息安全政策中起到其应该起到的相关监督作用。

第七章

网络地理信息安全政策的资源保障机制

网络地理信息安全需要数据、人才、财政、设备的支撑，充分的资源保障是实现地理信息安全的根本前提。要确保地理信息的安全，需要有一套完整的地理信息安全的资源保障机制，它包括网络地理信息安全的数据获取与网络信任机制、人才保障机制、财政保障机制和设备保障机制。

本章首先揭示了数据、人才、财政、设备等资源保障机制在网络地理信息安全保障中的重要意义，分析了资源保障机制建设的理论基础和基本原则，然后从网络地理信息安全保障角度分析了数据、人才、财政、设备等方面存在的主要问题及现实挑战，最后在借鉴国外发达国家经验的基础上，有针对性地提出了建立健全网络地理信息安全资源保障的具体政策措施。

一、网络地理信息安全数据获取与网络信任机制

作为描述现实世界空间位置及其特征的一类专有数据，地理信息数据具有大数据的基本特征，也是大数据版图中的重要构成部分。与此同时，随着大数据应用日益渗透到社会生活各个方面，加强网络地理信息数据的建设和安全管理，也日益成为政府公共服务的基本内容。从实践来看，地理信息中的安全数据的获取不仅需要制度和法律的保障，以及政府相关监

管措施的完善和落实，也需要通过网络信任机制的建设和完善来促进。

（一）建立健全网络信任机制的重要性与紧迫性

互联网信息技术的发展和普及性应用，使得网络信任机制的建设具有重要现实意义。首先，信任资本的培育和积累有利于降低互联网空间的交易成本、改善用户体验。随着“在线生存”方式的风行，社会资本的培育也日益向虚拟空间“上传”，构建网络信任机制是社会建设的重要内容。其次，信任关系的优化有助于促进互联网空间的合作与共享。互联网虚拟空间是一种开放式的结构，资源要素的快速流动为加强合作和促进共享创造了条件。而信任关系是影响合作与共享的重要因素。因此，培育虚拟空间的信任资本、优化网络信任机制，包括地理信息安全数据获取在内的互联网集体行动具有重要影响。再次，网络信任机制有助于进一步放大互联网管理制度与法律的功能。目前已有相关研究指出：信任资本的丰厚程度影响和制约着制度和法律功能的发挥。虽然网络地理信息安全数据的获取需要法律和制约的保障，但是，加强信任机制的建设也具有重要意义。

无论是从落实国家安全战略的高度，还是从加强地理信息安全数据获取能力的视角，推进网络信任机制的建设都具有紧迫性。进入新世纪以来，我国的互联网普及率快速提升，互联网逐渐变为人们取得公共服务的新平台，并日益变为人们日常学习、生活、工作的新空间。因此，加强互联网空间的信任培育，对于优化网络环境，这是建设互联网强国的基础工程。如前所述，当前我国地理信息安全数据的获取、管理和服务仍然存在着无序、低效，以及安全漏洞大量存在等问题，对国家安全构成重大威胁。同时，也影响了公共信息服务的绩效改进，这不仅与贯彻和落实互联网安全战略的目标不相符，也与加强互联网治理和改进政府公共服务的要求相背离。在地理信息安全数据的获取方面，由于网络信任度不高也影响了公共信息的获取。因此，进一步推进和加强网络信任机制建设具有重要的现实意义。

（二）网络地理信息安全数据获取中的信任机制

加强网络地理信息的共建、共治和共享，这已经成为贯彻和落实互联网安全战略的重要组成部分。信任是社会资本的重要构成要素，也是数据流转效率和共享水平的重要影响因素。网络地理信息安全数据的获取不仅需要法律、法规的约束，也需要建立在主体之间的信任关系之上。显然，在大数据和“互联网+”的时代背景下，网络空间的信任资本之培育与累积是一个动态过程，需要不断优化互联网治理结构、净化虚拟空间环境、构建和完善网络信任机制。构建网络信任机制就是在开放社会和大数据的时代背景下，以培育虚拟空间的社会资本和优化多元主体关系为目标，通过综合运用法律、制度、道德、技术等多种手段，为规范、调适和约束互联网空间的各种行为提供保障。网络地理信息安全数据的获取涉及多元利益主体的关系，因此就有必要不断提高获取安全数据的能力，还要能够将网络信任机制的促进和保障功能充分展现出来。

从实践来看，网络信任是建立在多元利益主体彼此安全和互惠的基础之上的。信任是互联网虚拟空间中行动者关系网络（actor network）中的重要资源。首先，网络信任建立在主体之间的安全感知基础之上。例如，在地理信息安全数据的获取过程中，无论是商业主体，还是社会组织或政府公共部门，只有让社会公众获得充分的安全感知，才能产生信任与合作的意愿，数据的获取才能够突破心理屏障。其次，网络信任还建立在互惠的基础之上。在大数据和“互联网+”的时代场景下，包括地理信息在内的数据，无论采集的主体是商业企业还是政府公共部门，在其应用功能上都具有特定的公共属性。因此，无论是市场主体还是公共部门都应该注重发挥公共信息的服务功能，使大数据更好地方便公众生活。再次，信任资本的成长也需要建立在合作的基础之上。促进多元主体之间的合作不仅是降低地理信息安全数据获取成本的需要，也是实现数据资源更高效率、更高水平流转和共享的要求。概而言之，构建互联网信任机制是优化网络地理信息安全数据获取能力的重要促进和保障。

（三）探索网络信任机制建设坚持的基本原则

习近平总书记在 2016 年 4 月的网络安全和信息化工作座谈会上强调我们要正确处理安全和发展、开放和自主、管理和服务彼此之间的关系，还表明信息是国家治理的重要依据。因此，通过与我国的互联网安全战略的精神、目标和任务相结合，进一步探索和构建网络信任机制建设，必须要坚持建设与管理并重、管控与服务相融，以及共治与共享结合的原则。

第一，要坚持建设与管理并重的原则。地理信息是关系到国民经济建设和国家安全的重要基础数据，它既是政府基本的公共服务产品和服务，也关系到国家的主权和核心利益的重要战略资源。网络地理信息数据的采集、加工和使用需要各级政府和相关部门完善硬件建设，做到地理信息的常态化采集、科化化加工和法治化应用，这就必须要求各级政府和部门增强网络地理信息库建设，并通过完善相关的工作机制，构筑起完备的地理信息管理系统。一方面要解决地理信息数据库和相关配套硬件滞后的问题；另一方面，要克服“重建设、轻管理”的弊端，突出管理制度和流程建设，以及机制和工具的创新。

第二，要坚持管控与服务相融的原则。要不断提高网络地理信息安全数据的获取能力，必须要坚持互联网思维和增强信息安全意识，并将其贯穿到制度建设和机制创新过程中。从现实的层面来看，提升管控能力是网络地理信息安全的基础和前提。但是，管控的程度、方式和工具选择必须要科学、合理，符合互联网治理的理念，以及大数据管理的要求。从技术应用的视角来看，加强管控的目的主要是防止违法和违规获取数据，对公共安全和公众利益造成侵害。从管控的方式来看，重点突出法律、技术和道德教育等手段的应用，减少传统的硬性行政管控的力度。另一方面，优化服务既是互联网治理的价值和工具取向，也是不断提升管控效能的基本保障，当前要进一步突显这方面的功能，实现两方面功能的相互补充和相融共进。

第三，要坚持共治与共享结合的原则。共享是互联网思维的核心要义，也是大数据时代促进多元主体合作的纽带。首先，要坚持用户中心的原则，体现社会公众的主体地位，在法律、法规和制度的框架范围内，让地理信息安全数据更好地服务于社会公众和市场主体，充分体现大数据时代的共享价值。其次，要坚持多元主体合作治理的思路。由于地理信息安全数据的特殊性，在数据获取、管理和应用过程中，必须要充分发挥市场、公共部门和社会组织、公民个体的力量，在聚力共建的基础上促进共治。例如，要在健全法律和监管机制的基础上，充分发挥阿里、腾讯等大数据企业的优势，将商业服务与政府公共服务结合起来。

（四）加强网络信任机制建设坚持的思路与对策

地理信息数据已经成为大数据的重要组成部分，也日益成为政府公共服务的基本内容。各级政府要从贯彻和落实互联网国家安全战略，以及优化政府公共服务的视角，进一步健全和完善网络地理信息安全管理和服务。围绕地理信息安全数据的获取，加强网络信任机制建设应该从以下几个维度推进。

第一，加快网络立法工作的步伐，从而建立起科学的、与之配套的、完善的法律法规体系。只有通过法律、法规和制度对于互联网加以规范和匡扶，才能推动网络信任机制的建设。在 2014 年十八届四中全会通过的《决定》中很清晰地指出了要加强我国互联网立法的目标和任务。首先，要明确互联网立法工作的基本原则，要避免出现“重监管而轻保护”的现象，要能够做到不断优化网络立法的内容结构。就目前而言，在我国现行的互联网立法结构体系中，有 170 多部法律法规提及了互联网问题，但其中大多立法主要是监管性的内容，例如：包含“管理”两字的规定在这些法律法规中约为 64%，[①] 因此我们要改变这一现象，要在关于互联网的法

① 张璁、张力文、刘新吾：《互联网立法监管期待升级版》，载《人民日报》，2015 年 6 月 10 日。

律法规中更多地显现出“服务”的内涵，而不仅仅是“管理”。然后，我们要强化对于互联网的上层设计，要避免不同层面的网络立法不一致的情况出现，全国人民代表大会和国务院要加快法律、行政法规的制定，并以此指导各级地方人大和政府的工作。紧接着，在加快互联网立法的过程中要善于收集民众的意见，听取市场主体和社会公众的需求，并在立法的过程中对于不同的需求要能够做到协调和平衡。目前，一些法律、行政法规已经开始进入立法流程，在十二届人大的五年立法规划里，网络安全法已经被列入其中；国务院在2014年的立法计划中纳入未成年人的保护条例；还有关于电子商务的相关法律法规也已经完成4部立法大纲。[①] 除此之外，还有许多要做的：首先，要进一步完善和细化关于信息公开方面的法律。在2008年5月颁布的《国务院政府信息公开条例》中，针对目前处于互联网时代背景下，在《条例》中对于信息公开的基本原则、信息公开的内容边界、工作方式、流程和保障机制等各个方面作了明确的阐述，紧接着要对《条例》的内容进行进一步的细化，并结合政府改革的最新情况，引导其他立法工作的进一步开展；其次，要对关于互联网的现有的法律法规进行规范，对于那些内容存在不合理的法律法规要进行及时的修改或者是废除，对于那些已经经历过实践验证并证明行之有效的要通过法律法规的形式尽快确定下来。最后，要对“权利保护型”的法律法规进行完善，这样才能为公众依法使用网络奠定基础，特别是要明确诸如公共信息的获取权利，让诸如地理信息之类的公共信息能够更好地惠及社会公众。

第二，积极推动现代化公民参与文化，并提高公民参与的理性化的能力。这是构建网络信任机制的基本要件。互联网时代的主流政治文化建设面临着诸多的挑战。例如，针对政治人物和重大社会政治事件通过不确切甚至完全虚假信息的捏造和传播，不仅败坏了社会的公共舆论氛围，而且对社会成员的政治认知产生了深远的负面影响。因此，构建网络信任机制

① 王峰：《从互联网到“互联网＋”立法：如何保护网络安全和个人信息》，载《21世纪经济导报》，2015年5月30日。

必须要将培育先进政治和行政文化，营造文明有序的政治氛围作为重要内容。阿尔蒙德和维巴提出："公民文化是一种混合了不同历史时期文化（现代与传统的文化）特征的文化，它不是一种现代文化，它不仅包含了传统部族、村落的互相信任和对统一国家的认同以及对于专业化中央政府机构的忠诚，而且还有对构建现代复杂的政治系统以及参与决策过程的意识和要求。"公民文化是一种倡导理性、倡导有序、倡导文化和倡导参与的新型政治文化，它符合现代社会和现代民主政治的发展需要。作为一种形成中社会"惯习"的网络空间的风气和氛围，它需要通过个体参与行动的不断作用和相互影响，并在实践中形成一种理性参与文化，它也是广大网民的集体意识和行为选择的表现。所以，在信息化时代的公民参与不仅需要技能，更需要健全的心智和良好的素养。为此，首先，要不断地推动网络治理的进程，并在过程中传播先进文化，倡导和谐理念，塑造美好心灵，弘扬社会公平正义，进一步提倡营造"文明表达、理性交流"的开放、文明、有序的网络环境。其次，要能够符合"互联网 +"的时代背景和发展要求，不断加强党政工作人员的媒体素养的培养，夯实互联网道德和伦理建设的基础。最后，各级党政部门也要通过采取将集体学习与个体培养相结合的方式，来不断完善部门内部的学习机制，提高工作人员对于媒体的应对能力和素养，切实做好包括公共信息服务在内的各项公共服务工作。

第三，强化网络精神文明建设，提高网民道德自律能力。这一点推动和保障了网络信任机制的建立。网络精神文明建设是在构建理性的公民文化基础上，通过将"、线上"与"线下"融合起来，推进社会公共道德宣传和教育，加强职业道德的培育和规范，并积极引导构建家庭美德，努力创建和谐、有序、文明、共享的互联网空间的过程。首先，进一步强化互联网行业的自律建设。其实，早在 2004 年 6 月，我国就颁布了《中国互联网行业自律公约》，但是互联网行业经过十多年的发展发生了翻天覆地的改变，目前，有必要进一步落实互联网行业的自律公约，提高从业人员的能力素质。其次，要在增加宣传文明使用网络的同时，经过科学的设计、精心的组织，并且对于理性和文明的行为进行赞扬，树立正面形象，开展舆论监督，营造一种公平公正的良好氛围。再次，要重视公共部门和人员的社会示范中的作用，通过加快工作条例和纪律的完善步伐，把依法使用网络和文明使用网络列入职业道德建设的范围内。此外，公众在现实生活中的行为与互联网虚拟空间中的行为非常相符。尤其是要注意对于青少年的指导，把学习机制与家庭、学校和社会的教育联系在一起，通过采取这样的措施使青少年养成倡导文明、理性表达和有序参与的良好习惯，这既是互联网治理的现实需要，而且也是社会进一步发展和文明不断进步的土壤，对于促进互联网空间的信任资本的培育，提升网络地理信息安全数据的获取质量和水平具有重要的意义。

二、网络地理信息安全人才保障机制

（一）网络地理信息安全人才保障机制概述

1. 网络地理信息安全人才保障机制的重要性

首先，我国的地理信息安全建设离不开高素质的专业技术人才，以及高素质的管理人才。地理信息安全涉及计算机技术、通信技术、网络技术、密码技术、信息安全技术、应用数学、数论、信息论等多种科学和技术。对人才的专业技术及其综合素质要求较高，以前那种简单的选人用人标准显然已不符合我国地理信息安全的专业性的需要。加之现在地理信息技术的发展呈现新的发展趋势，“网络化”是GIS发展趋势和研究热点。随着计算机网络以及其他通信网络的不断发展，例如从互联网到无线网络，从局域网到城域网，他们的发展都正在影响着GIS的地理服务方式和应用规模，总体上呈现出网络化、开放性、虚拟现实、集成化、空间多维性等发展趋势，对当前从事地理信息技术安全保障的技术人员以及从事地理信息技术安全的管理人员提出了更高的要求。由此看来，我国应该不断提供高素质的地理信息安全的技术人才和管理人才，确保从事地理信息安全的人才队伍的数量充足，质量过关，所以我国需要建立有效的人才选拔机制和考核机制等等。

其次，当前我国地理信息技术的发展同样面临着很多问题，要求强有力的人才团队加以技术研发并进行有效管理。我国地理信息技术的发展目前主要面临着地理信息服务的安全问题、地理信息共享的隐私问题、地理信息共享的产权问题等。地理信息安全涉及数据安全、网络安全和系统安全等方面内容，所以需要强大的地理信息安全技术，比如信息保密技术、信息认证技术、访问控制技术、网络安全技术、系统安全技术等技术来防护，这就对地理信息安全人才提出了较高的要求。然而，地理信息安全问题也不仅仅是靠地理信息安全技术就可以解决的，地理信息安全的发展同样也离不开高素质的地理信息安全管理人才。正如有专家指出，地理信息安全是“七分管理，三分技术”。针对我国地理信息安全对人才的需要，应该建立有效的地理信息安全的实践训练机制、联合培养机制等，从而确保我国的地理信息安全人才能够真正适应新形势下的地理信息安全工作的需要。

再次，我国地理信息技术也是在不断进步和发展的，因此我国地理信息安全人才也应该是不断学习和进步的。虽然目前我们拥有一定固定数量的从事地理信息安全工作的人才队伍，但是地理信息技术并不是一成不变的，因此，人才队伍的知识更新、技术更新、管理更新就非常有必要。我们应该对现在的地理信息安全人才进行有效的培训，进行技术和管理的有效升级，此项工作对于我国从事地理信息安全工作的人员以及对于地理信息安全都尤为重要，因此，当前我国迫切需要建立一种人才知识不断更新的培训机制。

综上所述，我国地理信息的安全离不开掌握先进地理信息技术的高素质专业人才，同样也离不开地理信息安全的高素质管理人才。因此，我们非常有必要建立有效的地理信息安全人才保障机制，来保障我国地理信息安全人才的有效供给和不断的知识更新。

2. 网络地理信息安全人才保障机制的内涵

地理信息安全专业人才必须具备以下标准：具备丰富的地理信息安全专业知识；掌握较为全面的地理信息安全保障技能；具有较强的学习能力、收集和处理信息能力以及随机应对的能力；能准确确定问题和解决问题的能力；良好的沟通与协作能力，较强的合作意识；熟悉地理信息安全网络框架、熟悉地理信息安全产品、信息安全技术标准、熟悉各种地理信息被攻击和泄露的突发事件以及应对防护对策。

在中国地理信息安全建设中，人才问题具有举足轻重的地位，具有高素质的地理信息安全专业人才是地理信息安全保障体系重要的智力基础。我们要在推广地理信息安全保密知识，提高地理信息安全意识的同时，尽快制定出地理信息安全人才的发展规划，以及完善对地理信息专业人才的教育培训、引进和使用有效机制，制定相关的方针、政策来保护地理信息安全人才成长，打造一支专业化程度高、勇于创新、才德兼备的高素质地理信息安全人才队伍。根据协调各方面需求、适度超前的原则，开展不同层次、不同阶段专业培训，为中国培育一支具有“高、精、尖”特征的地理信息安全专业人才队伍。根据教育与引导相结合、以教育为主的理念，对于以下三类地理信息安全人才要给予重点的培训和引进：第一类是有着深厚的地理信息安全理论和地理信息安全技术基础，又能够深入了解目前地理信息技术发展的现状及趋势的高级地理信息安全战略人才；第二类是能够运用各类地理信息安全装备和设施，同时能够解决地理信息安全方面具体问题的信息安全技术人才；第三类是熟悉有关的地理信息安全法律法规，并且有着丰富实践经验的地理信息安全管理人才。地理信息安全人才队伍建设是个具有整体性的工作，要协调好人才引进、人才使用、人才培养、人才保留等各方面工作，在此基础之上，为我国地理信息技术人才队伍建设的完善创造一个良好的氛围，从而，逐渐使我国地理新信息技术人才队伍建设步入良性循环之中。因此，一方面我们要通过依靠学校的教育来增加人才的引进和培养；另一方面，要强化实践和培训环节，改善人才使用和保留人才环境，来促进人才的不断成长，尽快培养出地理信息安全人才的核心力量（聂元铭、马琳、高强，2010）。

综上所述，要想建立有效地地理信息安全人才队伍我们必须建立有效的地理信息安全人才保障机制。为了能够有效的保证地理信息安全人才队伍的数量和质量，我们有必要建立地理信息安全人才的教育和选拔机制；为了保证地理信息安全人才队伍能够得到真正的锻炼和得到实用性的知识，从而使得从事地理信息安全知识学习的人才能够学有所用，我们应该建立联合培养机制和实践训练机制；为了保证地理信息安全人才队伍的知识能够得到不断完善和更新，我们有必要建立我国地理信息安全人才的培训机制；为了使得从事地理信息安全的人员能够得到有效的激励，更好地留住我国的地理信息安全人才，我们有必要建立我国地理信息安全人才的考核激励机制；由于地理信息安全很多都涉及涉密问题，我国地理信息安全人才应对相关的法律法规和规定都应该掌握和了解，以便能够更好地做好地理信息安全工作，我们应该建立地理信息安全的安全管理教育机制；由于地理信息安全人才受到所工作的环境以及整个社会的环境影响较大，加之地理信息安全人才队伍对环境的依赖性较大等特殊原因，我们有必要建立我国地理信息安全人才的环境优化机制。

（二）网络地理信息安全领域人才队伍建设的面临的主要问题

虽然我国地理信息人才队伍的建设和发展取得了一定的成效，比如对地理信息安全人才队伍进行指导与培训，同时也开设了少量的地理信息安全教育的相关专业及课程，但我国在地理信息安全人才队伍的建设和发展上仍然存在诸多问题，主要表现在以下几个方面。

1. 我国网络地理信息安全建设与人才需求差距较大

我国地理信息安全的人才供应与地理信息安全领域对人才的需求还存在很大的差距。主要表现在以下几个方面：(1) 精通地理信息安全理论和技术的尖端人才缺乏；(2) 地理信息安全教育的普及率底，大部分公民缺乏地理信息安全意识；(3) 地理信息安全相关专业的毕业生与地理信息安全工作相脱节。

实践性是地理信息安全从业者不同于其他行业从业者的最明显之处。根据相关调查研究发现：中国在地理信息安全相关工作方面具有 3 年以上经验、并且拥有本科以上学历的地理信息安全高端人才数量短缺，而且其中具有较好的运用技术、管理和业务能力，从事地理信息安全管理、地理信息安全技术架构和地理信息安全检查评估等的人才更是少之又少。学校关于地理信息安全教育的内容与地理信息安全部门对于地理信息人才的要求仍然有着一定的差距。许多部门认为，首先，学校对于地理信息安全相关专业的本科生的培养更多的是偏向于技术层面以及理论层面的培养，并没有对于地理信息安全管理这一个领域的培训；另一方面，在技术层面上来说，学校教育毕竟和地理信息的工作环境不同，它们彼此之间还是存在着区别的，学校学习的内容往往滞后于地理信息安全的发展，并且很多学生只是学习了理论知识，缺乏实际操作能力。

2. 我国网络地理信息安全人才的选拔和培训机制不完善

近些年来，地理信息主管部门高度重视地理信息安全人才的岗位职责和技术培训工作，并制定了一系列的政策措施。但是，仍然存在缺乏具体的选拔标准和培训要求的问题，导致地理信息安全人才的教育、培训、选拔等未能达到应有的效果。例如，《关于进一步贯彻落实测绘成果核心涉密人员保密管理制度的通知》规定："凡从事涉密测绘成果生产、加工、保管、利用活动的单位，应当全面明确测绘成果核心涉密人员工作岗位。"《关于整顿和规范地理信息市场秩序的意见》规定："依法持有涉密地理信息的单位要强化安全保密措施，要明确涉密岗位责任，防范他人非法获取涉密地理信息。”《关于加强测绘质量管理的若干意见》第十三条规定：“规范质检队伍的建设与管理。要逐步实行专业质检人员持证上岗制度和考核淘汰制度，加强对专业质检人员的业务培训和继续教育，全面提升专业质检人员的技术水平。可通过考试、考核等形式，在全行业范围内选拔一批具备较高专业水平和检验能力的专家，充实质检力量。”这些规定虽强调要加强地理信息安全人员的教育、培训和管理，但是如何教育、如何培训却没有操作性的规定，从而影响了这些措施的实施效果。

3. 我国网络地理信息安全人才的安全教育管理不到位

因为地理信息安全具有特殊性的特征，因此地理信息安全人才通常拥有更多的内部机密信息，加之他们本身具有较高的技术水平，如果安全教育管理不完善、不细致，很容易出现泄露地理信息数据的情况。这种危害是巨大的，因为很多的地理信息直接关系到我国的重大国家机密，极有可能威胁到国家安全。我国很多的地理信息安全工作人员对相关的地理信息安全保护的法律法规缺乏了解，对我国地理信息的保护并没有形成足够的重视，事实上，地理信息安全工作人员将信息对外泄密的现象屡见不鲜。因此，由于中国现在实行的地理信息安全人才机制未能够足够地重视地理信息安全人才的安全教育和管理工作，许多地理信息安全工作人员缺乏涉密信息保密意识以及承担相应法律责任的意识，这在很大程度上威胁到我国地理信息的保护，影响到地理信息安全，乃至国家安全。

4. 缺乏网络地理信息安全人才考核激励机制，难以实现知识和管理创新

目前我国有关地理信息安全的人才使用部门并没有针对地理信息安全人才的有效考核激励机制。当下的地理信息安全人才使用部门大都采用一般的聘任制，很少对其进行有针对性的考核和激励，大部分都是地理信息

工作人员完成自己所应当承担的职责，很少对其进行额外的激励考核，从而难以激发其全身心投入工作的热情，难以调动地理信息安全相关工作人员进行技术创新或管理创新的热情和动力。在缺乏考核激励机制的环境下，地理信息安全工作人员觉得做多做少一个样，做好做坏一个样，也就没有必要对其投入更多的时间。况且，进行相关地理信息安全的技术创新和管理创新同样需要很多的财力、物力、人力等方面的支持，在这种没有良好的考核和激励机制的情况下，地理信息安全工作人员更不愿意投入过多精力和时间进行自我提升，更不用说投入时间和精力用于技术创新或管理创新。

5. 我国网络地理信息安全人才的生活工作环境不够优化，难以留住人才

随着我国经济飞速发展，各行各业的工作人员都面临着飞速发展的高科技带来的办公自动化，生产工具多样化、复杂化，管理的精细化、全程化，工作任务的及时性、艰巨性等。我国的地理信息安全工作也不例外，我国地理信息安全工作人员同样也面临着来自工作环境的种种压力。然而，当前我国的地理信息安全人才使用部门并没有做好我国地理信息安全工作人员的环境优化工作，无论是硬环境还是软环境都并没有提供有效的保障。首先，目前对于地理信息安全人才的薪酬分配方式也主要是延续着由员工的年龄、岗位、各项津贴、补贴等组成的相对单一的工资结构和分配方式，没有结合地理信息安全工作的特殊性来探索多元化的薪酬分配体系，从而使得地理信息安全人才的工作待遇受到影响，影响到了地理信息安全工作人员的工作积极性。其次，地理信息安全人才的社会工作环境也并不理想，因为地理信息安全工作其实不只是地理信息安全工作人员的事情，很多和普通老百姓息息相关，但是目前我国国民的地理信息安全意识较弱，对地理信息安全工作缺乏理解和支持，影响地理信息安全工作的绩效。最后，地理信息安全工作的硬件基础设施也有待完善，不完备的地理

信息安全保护硬件设施必然会影响到地理信息安全人才的工作和技术进步。综上，我国目前在地理信息安全人才的环境方面还有很多不足，无论是硬环境还是软环境都有待进一步地改善。

（三）完善我国网络地理信息安全人才保障机制

1. 建立实用的地理信息安全人才培育和选拔机制

要想保证地理信息安全人才的数量和质量，首先也是最重要的就是建立地理信息安全人才的培育和选拔机制，从而保证地理信息安全人才队伍有源源不断的高质量血液注入。

在地理信息安全相关的院校可以开设一些地理信息安全专业学科，制定培训计划，还可以建立地理信息安全人才的培育基地，能够为地理信息安全系统持续地培养、输送和储备地理信息安全专业人才。为了满足地理信息安全技术与管理对于人才不断增长的需求，就需要在相关院校增加地理信息安全人才培养人数。此外，对于地理信息安全专业人才既要懂地理信息安全方面的知识，还要掌握与地理信息安全相关学科的知识。因为地理信息安全学科包含的知识范围广、内容多、体系庞大，就需要具有大量的知识储备（王海晖、谭云松、黄文芝、伍庆华，2006）。所以，为了满足地理信息安全系统对人才的需求，要进一步扩大专业人才的培养规模，除了专科和本科外，要增加对研究生（硕士、博士）的培养，培养更多的相关方面的高级人才。在开设地理信息安全专业的学校，要依据地理信息发展的要求，增设地理信息安全相关专业及课程，不断地调整以及完善学科专业设置和课程体系。与此同时，还要依据对于地理信息安全人才的要求，不断更新教学内容，增加知识，夯实基础，丰富最新知识，养成先进意识，提升分析能力、实践创新的能力（聂元铭、马琳、高强，2010）。

除此之外，对地理信息安全人才的选拔机制也应该加大重视。首先是在专门设立地理信息安全人才培养专业的高校进行人才选拔，录用时真正做到层层把关，把最优秀的技术人才和管理人才吸纳到我国地理信息安全人才队伍当中来。在人才选拔时一定要坚持德才兼备的原则，也就是必须注意从“德”和“才”两方面去选拔人才，不可重德轻才或重才轻德，毕竟地理信息安全工作有其特殊性，有很多的涉密地理信息需要地理信息安全工作人员去接触，因此对地理信息安全工作人员的品德要求较高，一定要坚持德才兼备的原则来选拔地理信息安全的人才队伍。其次，在进行地理信息安全人才选拔时不局限于专业的培育院校来选拔人才，还可以利用国民教育资源来为地理信息安全系统培养和输送地理信息安全人才。比如，委托地方科研院所、博士后流动站进行地理信息安全人才培养，然后选拔、输送高层次地理信息安全人才进入地理信息安全领域。另外，地理信息安全人才使用部门要能够从民间选拔出具有高素质、强技术能力的地理信息安全人才，用以丰富自己的人才队伍。此外，每一个部门都需要大胆使用人才并让他们执行重要任务，只有这样才能让真正具有才能的人被选拔出来。总之，地理信息安全人才的选拔应该广泛地去寻找适合地理信息安全工作的人才，从而能够为地理信息安全领域提供高素质的地理信息安全人才。

2. 建立有效的网络地理信息安全人才的联合培养和实战训练机制

单纯地依靠指定院校进行地理信息安全人才的培养很难满足现在地理信息安全使用部门对地理信息安全人才的需求，因此，我们应该建立有效的地理信息安全人才联合培养机制。培养地理信息安全管理人才的方式主要有三种：一种是地理信息安全部门自己培养的精通地理信息安全的专业技术人才和管理人才；二是大学培养的地理信息安全保障人才，他们是地理信息安全管理人才的重要选拔来源；三是其他的社会教育培养的地理信息安全管理人员。要充分利用地理信息安全人才培养的各种渠道和资源，把所有的培养途径有机结合起来，并将地理信息安全技术和管理的人才队伍不断地发展壮大，就能够使我国的地理信息安全人才队伍实现跨越式发展。

新时代的显著特征就是知识更新速度快，关于地理信息的一些知识更新更快，终身教育已成为21世纪地理信息教育的核心思想。若不进行继续教育，地理信息安全人才必将难以适应新的地理信息安全形势的发展。因而，通过与社会办学机构合作，我们的地理信息安全部门可以以此为契机培训地理信息安全的人才。同时，通过对外交流，进一步拓宽现有的地理信息安全人才的视野，提升其自身的素质。因而需要将作为人才培养重要渠道的继续教育放入到地理信息安全人才教育中，形成共同培养体系，除了建立正规的学历教育体系之外，还要开设一些高水平的培训机构，从而真正做到联合培养，最终培养出来的地理信息安全人才能够满足地理信息安全部门的实际需求。

通过地理信息安全人才的实战训练机制，使地理信息安全人才更好地满足具体的地理信息安全工作的要求。同时，培养地理信息安全人才要求建立地理信息安全学科的体系，通过以培养具有多层次、多规格的，同时具有全面的学科知识以及复合型的技术人才为目标，以此来保证能够将不仅掌握全面的地理信息安全领域知识而且又擅长地理信息安全防护技术的复合型高级专业人才输送到地理信息安全部门。地理信息安全人才的培养要让学生在学习阶段就接触到真正的地理信息安全的项目，边学习边实践，真正把自己锻造成一到工作岗位就能适应工作的应用型人才。另外，还可以通过科研平台，例如国家级或部级重点实验室以及国家级的科研项目等，让更多优秀的学生，包括本科生和研究生等能够随时随地地直接参与其中，实现优势互补互帮互助；在科研工作之中融入教学任务，例如，通过在地理信息安全本科教育专业中，可以以科研项目的方式建立相关实验室，以此加强和提升学生的创新实践能力、奉献精神、法律意识等综合业务素质和社会适应能力。

3. 建立健全网络地理信息安全人才考核激励机制

对于员工工作质量进行评估有一种较为重要且有效的方式就是绩效考

评。我们应该健立建全地理信息安全人才的绩效考评体系。绩效考评指标的建立要充分调查不同行业薪酬水平、市场薪酬水平，并在此基础上针对地理信息安全工作具有不同类别以及人才具有多元化和差异化的特点，建立相对科学、合理的考评体系，根据建设地理信息人才队伍各个阶段不同的目标，建立相对应的考核标准和体系。将对地理信息人才的激励机制和考核的结果进行有效的结合。良好的人才考评体系激励地理信息安全人才在一个竞争环境中工作和创新。可以说，地理信息人才的优质化需要有一定的竞争和压力。然而结合在管理学和心理学中提及的目标适中原则，意识到创造的竞争压力不能太强也不能太弱，要让员工在感觉没有压力的情况下同时还能感受到自己通过积极努力就能够得到满意的回报。因而，在地理信息安全人才的考核标准制定过程中，要秉持目标适中原则，尽量使地理信息安全在适中的地理信息安全人才考评体系中体现知识和能力专长，从而确保我国的地理信息安全工作在良好的环境当中有序进行。

我们还应该通过建立健全的地理信息安全人才激励机制，来激发地理信息安全人才的工作积极性。相对而言，地理信息安全行业是一个较为艰苦和枯燥的专业，我们应该采取物质激励和精神激励相结合的方式。在地理信息安全人才的培养过程中，通过将人力资本理论作为基础来规划好人才发展计划，将员工的工作积极性在最大程度上激发出来。在地理信息安全工作引进人才的方面，鉴于具有的艰苦性和枯燥性，针对此特殊情况，应制定柔性政策，采用人本制度，对于工作人员实际困难给予及时解决，并给予地理信息安全人才的家属生活一定的生活机制保障，还应当建立一种战略性的薪酬制度。地理信息安全人才的战略薪酬制度应该立足于地理信息安全系统的实际情况来制定，在此基础上对地理信息安全不同层次的员工进行不同的薪酬发放。要尽可能满足地理信息安全一线员工的基本生存和生活需要；同时满足处于中层的地理信息安全人才的成长、发展的需要；授予高层次的地理信息安全人才较高的荣誉称号，提升他们的知名度。因此，地理信息安全的激励机制应该从精神激励和物质激励两方面来进行设计，精神上解决地理信息安全人才的一切后顾之忧，让其真正做到大后方的稳定，这样地理信息安全人员就能以一种很好的精神状态投入到地理信息安全的工作中去，并且能够从精神上得到应得的精神嘉奖荣誉称号等确保其工作积极性。在物质上建立战略薪酬机制，多劳多得，少劳少得，不劳不得，形成良性的竞争激励。通过建立有效的地理信息安全的激励机制，来提升地理信息安全人才工作的积极性，使地理信息安全人才更好地为地理信息安全工作服务。

4. 建立切实有效的网络地理信息安全人才培训机制

由于地理信息安全知识会随着时代的进步而发生改变，地理信息安全人才就要不断地学习地理信息安全的相关专业知识，并提升自身的地理信息安全的相关技能。所以建立健全地理信息安全的人才培训机制是非常有必要的。地理信息安全的培训机制可主要从两个方面进行：一是地理信息安全系统内部要进行地理信息安全的自我培训；二是地理信息安全人才的培训要充分利用国民教育的雄厚资源，为地理信息安全系统培训人才。

一方面，要充分利用地理信息安全系统内部的高级人才对刚刚入门的地理信息安全工作人员进行知识和管理等方面的培训。一些老员工的很多实用知识和技能是新进的地理信息安全人才在其学校学习中并没有接触的，为了能够提高整个地理信息安全人才队伍的知识和技术水平，实现地理信息安全知识的共享，确保地理信息安全人才培训的有效性，要通过老员工给中层和一线的地理信息安全人才进行定期的培训。

另一方面，要充分利用国民教育的雄厚资源对地理信息安全人才进行有效的培训。为地理信息安全系统培训更多的高素质人才，走地理信息安全“社会化保障”之路。要充分利用国家教育资源直接为地理信息安全系统培训地理信息安全人才：(1) 和地理信息安全相关院校合作直接培训地理信息安全人才；(2) 将培训高层次的地理信息安全人才的任务委托给地方科研院所、博士后流动站等；(3) 经常参加相关的学术、技术交流，通过派遣干部出国留学、客座研究、请专家讲学等各种形式开拓我们的视野和思路，进一步来了解国际先进的地理信息安全知识和技能。为培训出更好的地理信息安全人才，为我国的地理信息安全工作服务，要加快建立健全地理信息安全人才培训体系的步伐。

5. 建立常规性的网络地理信息安全人才安全管理机制

地理信息是关乎国民经济安全和国家安全的重要基础数据，其中，有诸多地理信息都是涉密的，因此，对于地理信息安全工作人员的管理有其特殊的要求。为适应工作需要，我们应该建立起一支能够掌握管理技能、懂得技术，能够面对风险，善于应对挑战的地理信息安全管理的团队。除了学历、技能、经验等技术层次的要求外，还要对这些人员提出安全性要求来确保所有从事地理信息安全工作的人员能够具有良好的素质和正确的工作动力。同时还要实行包括制定科学的用人政策，选拔任用全面的优秀人才在内的严密而完整的管理措施；在比较重要的工作上实行多人负责制，由两人或多人通过相互制约、相互配合来完成工作；对于重要的岗位，实行职责细分和隔离原则，不能由一人承担职责，一定要将其分解；同时还要实行不定期岗位轮换，即轮岗原则，为了防止地理信息安全工作人员出现违法犯罪的行为，工作的接替者可对前任的工作进行审查；要实行离职控制原则，对于执行人员离职后要规定不得泄露地理安全的相关信息，若违反将承担相应的法律责任；为了保证地理信息的安全，要实行可审核原则，保证一旦发生地理信息泄露事件可被审核，要记录关于地理信息安全所有需要记录的操作，从而，进一步提高地理信息的安全性；定期开展安全检查活动，并且对于地理信息安全人才有计划地进行教育、培训和考核。

如若发现存在品质有问题或者政治素质不过关的地理信息安全工作人员，应及时将其驱逐出地理信息安全人才队伍，避免其对地理信息安全工作带来不可估量的损失和风险。通过各种途径让每一位地理信息安全工作人员认识到地理信息安全工作保密的重要性，切不可因为个人的经济利益或其他个人利益出卖国家地理信息，造成国家地理信息的泄露，进而影响到国家的安全和利益。最重要的是要制定严密的针对地理信息安全人才的地理信息安全保护政策法规，让地理信息安全从业人员明白一旦违犯必将受到严厉的惩罚，从而遏制住一些违法泄露地理信息的事件。另外，加强对于地理信息安全人才的安全管理十分有必要，因为他们本身就是地理信息安全的守卫者，一旦他们出现了问题，就会威胁到整个地理信息的安全，因此，为了保障中国地理信息安全人才队伍的安全性，应该尽快建立健全地理信息安全的人才安全管理机制，进而更好地保障我国地理信息的安全性。

6. 建立可行的网络地理信息安全人才环境优化机制

努力优化地理信息安全人才工作的硬环境和软环境，在全社会形成一种有利于地理信息安全工作的氛围和环境，是强化地理信息安全外部保障的一项基础性工作。一方面，为了确保中国地理信息安全事业能够得到可持续发展，要通过采取更多的措施、更好的方式方法来吸引和留住地理信息安全方面的人才。与此同时还要为地理信息安全人才营造一个良好的工作环境，能够让他们将自己的作用充分发挥，并且获得较好的发展前景；然后还要在地理信息安全人才的生活、保健环境和卫生等方面建立健全保障机制；最后，为了增强对地理信息安全工作系统的归属感和认同感，使人才在思想上感到组织对地理信息安全人才的器重和关怀，还要尽快营造尊重地理信息安全人才的氛围，在条件允许的前提下缩小差距，增加经济收入。为留住地理信息安全人才，要从各个方面营造良好的环境，包括从事业上、从精神上、从情感上、从待遇上等等（聂元铭、马琳、高强，2010）。

另一方面，地理信息安全工作并不仅仅是地理信息安全工作人员的工作，同时它也是全体公民的“工作”。因此，应该提高全体社会成员的地理信息安全防护意识和能力；要完善各种地理信息安全的配套制度和流程，鼓励科技创新，通过专业知识培训和宣传，使地理信息从业主体能熟练掌握地理信息安全技术和操作相关安全装备，提升地理信息相关单位和个人的信息安全保护能力以及国民的地理信息安全思想意识；要加强地理信息安全宣传和教育，各级政府要加大对各单位和公民的宣传和教育力度，采取多种方式和手段，定期向社会公布地理信息安全防护的有关标准和建议，普及地理信息安全知识，增强国民地理信息安全意识，为我国的地理信息安全人才创造良好的工作环境和社会环境。

三、网络地理信息安全财政保障机制

（一）网络地理信息安全财政保障机制概述

1. 网络地理信息安全财政保障机制的重要性

当前我国地理信息安全工作还存在着许多难题，尤其是地理信息安全财政经费困难问题一直是困扰我国地理信息安全工作的一个主要瓶颈。地理信息安全工作需要大量的人才，而地理信息安全工作人才的培育需要大量的财政经费作为保证；地理信息安全工作同样需要大量的基础设施，没有大量的基础设施作为保证，我们的地理信息安全工作便不可能很好地完成，而地理信息安全工作一系列基础设施的建设都需要大量的财政投入来保证其顺利完成；地理信息安全工作的知识和技术在不断更新，需要不断地进行科学研发，而这些同样需要大量的财政经费作为保证才可以顺利进行。但是，我国目前的地理信息安全财政保障机制的不完善大大影响了我国地理信息安全工作的基础设施的建设、人才的培育、科学研发等重要环节的工作，制约了我国地理信息安全工作的良性运行。

我国当前的地理信息安全财政保障机制存在大量的问题，比如地理信息安全的资金投入总量不足，投入偏少，保障效率有待加强，地理信息安全工作的财政支出结构不合理，保障效果不理想，而且我国地理信息安全的财政监督机制不够完善，导致了大量财政资金浪费，甚至被个别违法犯罪分子贪污。此外，我国地理信息安全财政保障体系的政策法规不够健全，使得地理信息安全工作的财政保障没有法律可以保证其应有的供给。财政保障机制的不完善，导致了我国地理信息安全工作陷入了一个比较尴尬的局面：一方面是地理信息安全工作急需财政资金来保障正常的地理信息安全防护和建设工作，另一方面则是因为我国地理信息安全财政保障的各种不足导致了地理信息安全财政资金的不到位，从而严重影响了我国地理信息安全保障工作的高效进行。

综上，健全有效的财政保障机制是做好地理信息安全工作的基本前提。只有建立完善的地理信息安全财政保障机制，我国地理信息安全工作的基础设施才有条件进行建设和维护；只有建立完善的地理信息安全财政保障机制，才有足够的资金经费进行人才的培育和人才的培训，从而保证我国地理信息安全人才队伍不落伍，能随时适应我国地理信息安全工作的需要；只有建立完善的地理信息安全财政保障机制，才能有足够的经费进行实验和科学研发，进而保障我国地理信息安全工作的知识和管理技术能够适应我国地理信息安全工作的需要，真正有能力保障我国地理信息的安全。

2. 网络地理信息安全财政保障机制的概念和内涵

首先，我们只有很好地理解了财政保障机制的一般概念，才能更好地理解我国地理信息安全财政保证机制的概念。财政保障机制是由相关部门所制定和实施的政策工具、体制安排和监管手段，是为了实现财政保障目标，主要由财政保障的主体、客体和程序方法等要素组成，是财政保障主体与客体之间共同努力实现共同目标的过程。财政保障机制的实施主要包含以下两个方面的内容：一个是当财政保障主体在做好财政保障目标规划后，财政保障主体通过运用不同的手段和方式来控制客体，确保保障目标能够实现；另一个是当财政保障客体在受到财政保障策略、方法、手段及途径的影响后做出的反应，以及一起实现财政保障目标的过程。因此，我们可以这样界定地理信息安全的财政保障机制：为保障地理信息安全目标，由测绘地理信息部门、财政部门等制定和实施的各种财政政策工具和监管手段。

具体来说，我国网络地理信息安全财政保障机制的内涵主要包含以下几点：一是我国地理信息安全财政保障目前并没有足够的法律上的保障，因此首先应该建立地理信息安全财政保障的法律机制；二是在我国地理信息安全领域，中央政府与地方政府的财权和事权并没有很好地区分，造成了我国地理信息财政支出结构的不合理，因此，应该建立中央与地方合理的转移支付机制；三是我国的地理信息安全财政保障机制在运行过程中并没有形成良好的监督制度，导致了我国地理信息安全领域财政运行的低效率，因此，应该建立良好的财政监督制度以保障地理信息安全所需资金的高效运行；四是目前我国地理信息安全所需资金主要是由政府来负担，但是政府的财政保障资金渠道毕竟是单一的，数量是有限的，因此，还应建立多元筹资机制。

（二）我国网络地理信息安全财政保障的理论基础

前提基础为市场经济模式，并以市场失效为出发点，以“公共产品”理论为核心理论，这就是公共财政理论。这种理论主张当市场供给出现不足时，让政府通过财政手段进行调节。政府预算是一种以公共产品理论为基础的资源配置机制，它是在政府经过政治程序、法定程序审批后，并在市场价格和供求机制协调的基础上，合理分配私人部门与公共部门之间的有限资源，从而达到资源平衡、社会公平以及经济的正常运行。为确保公共决策有效性，政府预算制度一般也采用科学的分析与管理。地理信息安全工作属于国家的重要事业型工作，关系到国家的安全，所以由财政保障其支出。

虽然公共财政涉及的范围很大，但与市场经济相适应的可以归纳为国家或政府为市场提供公共服务的分配活动或经济活动，它的职能包括三个层次。

公共财政的首要职能是资源配置职能。就是借助有限的资源，促进形成资产结构、产业结构、技术结构和地区结构，进而优化资源结构。不难发现在市场经济条件下，市场对资源配置起着基础性的作用，所以如果市场具备充分竞争条件，那么价格与产量便会达到最佳配置状态。然而因为会出现市场失灵的情况，如果仅凭借市场自身进行调节，通常无法达到最优的效率状态，那么政府的干预和介入显得格外重要，因此财政对资源的配置也就应运而生。而对于配置财政资源包含以下内容：第一，明确财政收支在GDP中的最佳比例，统计社会所需资源的基本范围，来保证资源配置总体效率的目标得以实现；第二，进一步优化财政支出的结构，裁减一般支出，来确保重点支出，通过结构优化来提高配置的效率；第第三，提升政府资源配置的效率；第四，吸引多方投资，可以采取政府投资、税收和补贴等方式，以外资和对外贸易的发展来拉动经济增长；第五，不断加强国家重点建设，有效安排财政投资的规模和结构。

公共财政的第二个职能是收入分配职能，为促进社会分配的相对公平，财政以各项收支活动开展全社会范围的再分配。以实现公平分配为目标的收入分配包含了经济和社会公平两个方面，社会公平主要是要限定收入差距，而且要在目前社会上不同层级居民能接受的合理范围内；而经济公平作为市场经济的内在要求，主要强调的是投入和收入的一致性，要求在平等竞争环境下能够实现等价交换。以财政为方式来实现收入分配职能的方法包括：第一，规范并划清市场分配与财政分配的界限和范围；第二，增加税收调节的相应措施；第三，增加包括社会保障、救济金、补贴等在内的转移性支出。

公共财政的最后一个职能是经济稳定职能。因为经济周期问题会在市场的自发运行下产生，所以保持宏观经济的相对稳定是政府必须推行的目标。确保经济稳定包含充分就业、物价稳定和国际收支平衡等内容。能够促进充分财政实现经济稳定职能的方式和制度包括：第一，为保证社会总供求趋于平衡，要制定相应的财政政策（苏宗海，2010）；第二，进一步发展公共设施，可以以投资、补贴和税收等多方面制度安排来实现，确保国民经济稳定发展；第三，满足社会公共需求，例如通过全面治理污染从而达到保护生态环境的目的，为社会经济发展创造安定的环境、不断提升卫生水平、推动文教的发展步伐等方面，从这些角度着手不断完善社会福利和社会保障制度，实现促进经济社会的增长与发展目标。

我国网络地理信息安全工作是关系到国家安全的重要事业，但是地理信息安全行业本身不生产财富，因此有赖于国家财政拨款和支付进行有效的活动，就需要国家的公共财政从其他的收入中来进行有效的资源配置，把公共财政有效的配置到地理信息安全工作当中来，使得公共财政在地理信息安全工作中做好有效的财政资金的资源配置。同时我国地理信息安全行业的从业人员的工资收入也是来自公共财政，因此，公共财政还要在地理信息安全工作中实现收入分配的功能，使得地理信息安全工作的从业人员得到公平的收入分配。总之，要做好地理信息安全的财政保障工作才能有效地确保我国地理信息的安全。

（三）我国网络地理信息安全财政保障存在的主要问题分析

近年来，虽然我国政府在地理信息安全财政保障机制方面做了很多努力，但是，与此同时我们也必须认识到我国目前地理信息安全财政保障机制还有许多问题尚待解决，我国的地理信息安全财政保障机制还有待进一步地完善，我国地理信息安全财政保障机制的不足主要体现在以下几个方面。

1. 网络地理信息安全财政资金总量不足，保障能力有待加强

总体来看，我国地理信息安全财政保障的资金投入总量明显偏低，满足不了目前我国地理信息安全工作对财政资金的需要，从而导致了很多重

要的工作无法进行，严重威胁到了我国地理信息的安全。多方面的原因造成地理信息安全财政保障经费不足，其中包括现行的行政管理体制，还有制度、政策等等。我国政府间关系得到理顺并且基本形成适应市场经济体制的公共财政体制，是在我国经历了 1994 年的分税制改革和 2002 年的所有税制改革之后才实现的。但是，在对分税制进行改革的过程中，核心在于对收入进行划分，而并未对事权和财权进行界定，在财权和事权的划分上中央政府和地方政府并没有合理的划分依据，仍然存在着事权划分不清、财权与事权不匹配的现象，导致了基层的财政困难。在这种情况下，有些地方地理信息安全急需财政支持，但是由于转移支付制度不完善，加之地方政府的能力有限，使得地理信息安全的财政保障很难得到有效的供给，从而导致了地方地理信息安全工作很难有效开展。还有一个重要问题就是，由于缺少具有科学性的决策依据支撑、规范性的决策流程以及有效的实施方法，对于国家地理信息安全及各地方地理信息安全财政保障经费的支出的需求量到底有多大，最优支出规模是多少都缺乏足够的理论依据，进一步导致的结果就是地理信息安全财政保障经费投入不足，进而没法对地理信息安全工作形成强有力的财政支持。

2. 网络地理信息安全财政支出结构不合理，保障效果不理想

地理信息安全保障属于低收益类型的公共产品属性，由于地理信息安全财政保障经费的低收益率使得不少的领导在制定公共财政的发展计划和支出政策时会将倾向于关注度高、见效快的项目，也就是我们通常说的“形象工程”、“面子工程”，他们倾向于将更多的财政经费划拨给这些“政绩工程”，这种财政支出结构直接导致了地理信息安全财政保障经费的不足，甚至有的地方连地理信息安全工作人员的正常工资都难以为继，地理信息安全系统的人才培养、技术研发等重要工作更是因为缺少财政资金的支持无法正常开展和进行，如，没有资金去招揽优秀的人才来从事地理信息安全的工作，更没有资金去培训已有的地理信息安全工作人员，更难以

实现地方地理信息安全系统知识和技术的更新。

3. 网络地理信息安全的财政监督制度不完善

监督是保证系统正常运行的重要环节，是地理信息安全财政保障机制良性运转的重要保障。但是，在现实中，我国地理信息安全财政保障的监督机制还存在诸多不完善的地方：一是多元化监督的合力不够。地理信息安全财政保障机制不仅包含地理信息安全部门，还要将政府机关、社会团体、公民及社会舆论的监督纳入其中，从我国地理信息安全财政保障经费监督的实际情况来看，我国各个地理信息安全财政保障经费监督主体之间的关系没有很好地理顺，各监督主体之间还存在分工不明、相互推卸责任、滥用权力、越权行事等问题。二是缺少事前的预防性监督以及事中的及时性监督。我国对于地理信息安全财政保障经费的监督主要是事后的监督，而事前的预防性监督和事中及时性控制监督还不够到位。三是监督机构长期处于被动消极状态，严重影响地理信息安全财政保障经费的有效监督，而且很多监督主体的监督都流于形式，并没有真正起到很好的监督作用。四是审计部门的监督缺乏足够的力度，包括：(1) 审计内容不全面，审计内容还局限于传统的审计领域，并没有针对地理信息安全财政保障经费开辟专项的审计；(2) 审计效应还存在滞后性，现在针对地理信息安全财政保障经费的审计还主要是进行事后的审计。地理信息安全财政保障经费审计监督机制的不完善，导致我国地理信息安全财政保障经费不能有效地使用到地理信息安全保障工作当中来，地理信息安全财政保障经费浪费和被贪污的情况时有发生，严重影响我国地理信息安全工作的正常运行，危及我国地理信息的安全

4. 网络地理信息安全财政保障的法律规制缺失

近年来，虽然国家高度重视地理信息安全问题，对地理信息安全的资金投入相对于之前也在不断地增加，然而，目前我国仍然没有明确的法律

法规对于地理信息安全财政保障资金方面作出规定。主要体现在：一是没有明确规定国家财政每年应该给予地理信息安全财政保障资金的数量以及占整个国家财政的比重等等，从而导致了我国地理信息安全的财政经费缺乏法律上的保障；二是我国目前也没有专门的法律法规针对我国地理信息安全财政保障经费进行明确规定，也没有明确财政部针对地理信息安全的职责范围以及工作流程，从而导致我国地理信息安全财政保障经费划拨的随意性；三是我国目前也没有对我国地理信息安全财政保障工作的物资采购以及保障、地理信息安全财政保障资金的监管与评估做出明确的说明及规定，导致地理信息安全财政保障资金的预算编制、执行等问题混乱，造成资金短缺、投入不足。

以上可见，我们应抓紧完善地理信息安全财政保障方面的法律法规，以法律保障地理信息安全财政保障资金的足额划拨，并对其进行有效监管，避免发生浪费贪污等行为，使我国地理信息安全的财政保障能够有法律可依，真正做到有效我国地理信息的安全。

（四）国外网络地理信息安全财政保障经验借鉴

很多国家在地理信息安全财政保障方面有很多先进的经验值得借鉴，其中美国和日本的地理信息安全财政保障工作在很多方面做得尤其完善，本章主要是分析美国和日本的地理信息安全工作财政保障机制上存在的优势，然后归纳总结出对于完善我国地理信息安全财政保障机制具有借鉴意义和推动作用的方式方法。

1. 美国与日本的地理信息安全财政保障机制

美国与日本在地理信息安全财政保障方面积累了大量成功的经验，以下分别对这两个国家的地理信息安全财政保障机制进行相应的分析。

（1）美国网络地理信息安全财政保障

首先，美国在地理信息安全财政保障机制方面有完善的法律保障。美国无论是联邦还是各个州的法律中都有确保地理信息安全财政保障的法律，明确规定了国家财政和地方财政应该每年拨付给地理信息安全工作的财政比重，确保地理信息安全工作的财政支出能够得到有效的保障。而且美国还有法律专门规定了对地理信息安全财政保障资金的监督，从而保证地理信息安全财政保障资金在使用的过程中确保会被有效地使用，不会发生被贪污或挪用的情况，从而确保地理信息安全财政的有效供给，真正在法律上确保了美国地理信息安全财政保障的工作。美国的地理信息安全财政保障机制方面的法律还在不断完善，根据实际情况的变化，修订出更多完善和实用的细则，来确保美国地理信息安全财政资金的有效供给。

其次，美国的地理信息安全财政保障有着联邦政府和州政府的有效平衡供给机制。属于美国国家级的地理信息安全工作的财政资金一般由美国联邦政府支出，确保地理信息安全工作的有效运行。各州的地理信息安全工作，一般由各州的财政进行拨付，若有的州财政资金不到位需要联邦政府予以补给的，联邦政府也会给予专项的拨付，从而实现了联邦政府与地方州政府在地理信息安全财政资金的供给上的有效平衡。

（2）日本网络地理信息安全财政保障

首先，日本的地理信息安全财政保障资金来源多元化。日本的地理信息安全工作的资金来源不只是政府的公共财政资金，还有很多社会组织、工商业界、公民等的资金投入。日本地理信息安全财政保障资金的来源有多元化，这样就确保避免因为单一的地理信息安全财政保障资金来源渠道，一旦产生财政吃紧的状况就会影响地理信息安全财政保障资金的有效供给，从而影响地理信息安全，危及日本的国家安全。这种地理信息安全财政保障资金来源渠道的多元化，有效确保了日本的地理信息安全。

其次，日本的地理信息安全财政保障资金有着完善的监管机制。日本有专门的部门对地理信息安全财政保障资金进行有效的监管。有一整套完备的地理信息安全财政保障资金的评估体系，确保了地理信息安全财政保障资金的高效率的使用。日本有关部门对与地理信息安全财政保障机制的审计尤为严格，确保地理信息安全财政保障资金在每一个环节都符合程序和规范，日本的这种有效的地理信息安全财政保障资金的监管机制有效地确保了日本的地理信息安全财政保障资金的使用效率，从而确保了日本的地理信息安全。

再次，日本的地理信息安全财政保障同样有着完善的法律保障。日本的地理信息安全财政保障工作无论是在宪法还是在其他相关法律上都有明确规定，例如规定了地理信息安全财政保障在国家财政中应该占有的比重等等，还有关于地理信息安全财政保障监管机制的法律，都非常完备。日本的地理信息安全财政保障工作真正做到了有法可依，确保了日本的地理信息安全财政保障。

2. 美日网络地理信息安全财政保障机制对我国的启示

美国和日本作为发达国家，在地理信息安全财政保障机制方面有着许多相似之处。作为发展中国家的中国，尽管在国情上我国的实际情况与美国和日本有着较大的不同，但是在美国和日本的地理信息安全财政保障机制上还是有许多值得我国学习和借鉴的地方。

首先，尽快建立一套完整的关于地理信息安全财政保障机制的法律体系。在一开始，美国与日本都是先建立一套法律体系针对他们会针对在地理信息安全财政保障方面体现出的的法律法规不足，实行更加完善、更加细致的制度。美国与日本都能够充分运用立法权来确保法律法规得到充分的执行。

其次，注重中央政府和地方政府地理信息安全财政供给的平衡性。无论是美国还是日本，在进行地理信息安全财政的供给时，中央政府和地方政府都实现了很好的配合，各自做好自己范围内的地理信息安全财政保障工作，当地方政府的地理信息安全财政保障工作出现供给不足时，中央政府拨付专项资金来确保地方地理信息安全财政保障资金的有效供给，从而真正确保地理信息的安全。

第三，以公共财政为主要方式，大力鼓励社会参与。一个国家的地理信息安全财政保障工作，不仅对政府的公共财政提出要求，对非政府组织也提出综合要求。只有全社会参与，广泛利用民间力量，才能更好地确保国家的地理信息安全工作的资金的有效供给，确保地理信息安全财政保障工作资金来源的多元化。如美国和日本很多经验值得我们参考借鉴。日本在地理信息安全财政保障方面充分发动民间力量，如民间团体、工商业界。不论对于公众个人还是团体来说，增加以公共财政为主的国家投入是一种激发社会公众积极参与的重要方式（孟耀，2013）。地理信息安全财政保障的有效供给有赖于资金来源的多元化。

（五）完善我国网络地理信息安全财政保障机制

1. 完善我国网络地理信息安全财政保障的法律法规

由于目前我国地理信息安全财政保障的法律体系十分不健全，已经严重影响了我国地理信息安全财政保障经费的供给，因此，我们必须抓紧完善我国地理信息安全财政保障经费的法律法规。首先，以宪法明确规定政府在保障国家地理信息安全方面的权责；其次，以法律明确规定地理信息安全财政经费预算在整个政府财政预算中的比例；再次，以法律明确规定地理信息安全财政保障资金的分担比例，使得中央财政和地方财政能够充分有序地给予地理信息安全财政保障的资金支持；又次，以法律明确人大及相关审计部门在地理信息安全财政保障资金的审计和监督方面的权责，增强人大、审计部门的监督效果；最后，为了使财政资金及时到位，我们应当以法律规定相对较为简练的财政拨付程序。

除了由宪法、法律规定针对地理信息安全财政保障的大原则和方向以外，我们还应该对地理信息安全财政保障制定具体可操作的行政措施。首先，应该明确规定地理信息安全财政保障资金的来源。资金主要是源于政府预算收入（其中包含了税收和国有资产收益），同时其他的一些企业或社会组织的捐助力量也是我国地理信息安全财政保障资金的一项重要来源。我们应当在具体的政策措施中，强化对我国地理信息安全财政保障资金的监督，及时公开预算、结算的相关报告。还要通过对我国地理信息安全财政保障实行公众监督和媒体监督，以全程跟踪监督的方式，全程监督财政资金的申报、拨付和发放过程。让我国地理信息安全财政保障资金的监督执行做到有法可依。

2. 建立网络地理信息安全财政支出中央与地方、地方与地方的有效平衡机制

我国实行分税制改革以后，中央与地方的财权和事权是分开的，但是还存在许多财权与事权相互交叉现象。在地理信息安全财政保障上，我们应该处理好中央财政和地方财政的关系，谨防在地理信息安全财政保障上出现事情往下推、财政不供给的情况，确保我国地理信息安全财政资金的有效供给。对于一些国家级的地理信息安全项目，中央财政要做好充足的保障，因为很多国家级的地理信息安全项目都是直接关系到国家安全和重大利益的项目。对于地方的地理信息安全项目，所在的地方政府一定要做好财政保障。由于各个地方的财政能力不一样，中央财政对于重要的地理信息安全项目，地方财政供应不足的，中央财政要采取帮扶的措施，可以给予专项的资金予以支持，从而保障我国相对贫困地区地理信息安全工作的正常运行，因为地理信息安全工作不只是地方的义务，它关系到整个国家的地理信息安全。因此，中央政府和地方政府之间一定要做好地理信息安全财政保障资金的有效衔接，确保我国地理信息安全财政保障资金的充分供给与使用，保障我国地理信息的安全。

由于我国经济发展的不平衡性，每个地区的财政收入也不一样，有的经济发达地区财政收入非常高，而有些西部落后地区则收入较低。虽然西部地区经济上贫困，但是有我们国家的很多重要的工程和重要的军事据点，这些地区的地理信息安全工作与其他地区同等重要，无论哪一个地区的地理信息安全出了问题，都会影响整个国家的安全。因此，我们还应该

建立地理信息安全财政保障资金的地方横向援助机制，尤其是东部经济发达地区对西部山区的一些重要的地理信息安全项目进行有效的地理信息安全财政援助。实行这种地方财政与地方财政相互援助的机制有利于解决我国部分财政落后地区的地理信息安全财政保障问题，从而更好地保障我国贫困地区，尤其是西部山区的地理信息安全工作能够有效地开展，确保我国整体地理信息安全。

3. 完善网络地理信息安全财政保障的监管机制

如上所述，目前我国的地理信息安全财政保障资金监管机制还存在大量问题，因此，当下我们亟须建立地理信息安全财政保障资金的监管机制，加强地理信息安全财政保障资金的监管力度，提高资金使用效率。首先，我们要建立地理信息安全财政保障资金的绩效评估机制：（1）要将地理信息安全财政保障资金的预算、使用流程规范化；（2）加快建立地理信息安全保障资金的绩效评价体系；（3）各级地理信息安全财政资金的使用部门，在保证大量的资金投入的同时，要使各项工作依法进行，做到依法理财，保障地理信息安全保障资金绩效评估机制能够起到有效的监督作用。其次，要加强地理信息安全财政保障资金的审计。审计的内容主要包括资金是否专款专用，资金的差额度等等。在审计中如果发现有挪用等情况和行为的，要进行严肃处理，涉及违法犯罪的，应该移交有关部门从严处理。为了加强审计力度，不仅政府部门内部进行审计监督，还可以引进外部有效的审计单位，真正让地理信息安全财政保障资金没人敢动，让违法犯罪行为无处可逃，确保地理信息安全财政保障资金能够实现最有效的利用。最后，要通过建立健全地理信息安全财政预算制度以及资金使用情况公开制度来让地理信息安全财政保障资金能够在阳光下操作。

4. 构建网络地理信息安全财政保障的多元供给制度

现如今，由于中国地理信息安全财政保障资金的主要来源是中央和地方的财政，很少有别的方面的来源，因此造成了目前我国地理信息安全财政保障资金的来源非常单一的现状，一旦中央和地方的财政不能及时给予供给，就很可能会出现地理信息安全财政保障资金的不足，导致很多地理信息安全工作无法正常运行，从而影响我国地理信息安全。因为中央和地方的财政毕竟是有限的，而且中央和地方的财政有太多的地方需要被划拨，比如国防、教育、环保、公安等等，因此，应该改变目前我国地理信息安全财政保障资金来源渠道过于单一的现状，通过尝试引入社会资本来达到实现投资主体多元化的目的，并建立地理信息安全财政保障资金的多元供给机制，推动地理信息行业在投融资体制方面进行改革。首先，通过尝试对经营性地理信息产品建立合理的价格制度以及对公益性地理信息产品构建相关的生产补偿机制，来确保具有经营性和公益性为特征的地理信息产品的生产和使用能够通过以市场主体或企业化模式来运行。其次，经营性地理信息产品要能够将有稳定预期收益的资产证券化，并且要将所有权或经营权向社会资本开放。最后，还要能够通过以股权置换等各种形式将社会投资引入部分经营性地理信息产品，使社会资本进入地理信息行业，通过建立科学的现代公司治理机制，来保证社会资本、中小股东的正当权益。此外，我们还可以专门开辟一个地理信息安全财政保障资金的预算外渠道，接受企业的捐助，接受其他单位的捐助，接受普通公民的捐助。通过多渠道筹集资金，保障地理信息安全资金的有效供给，为我国的地理信息安全工作有序进行提供保障，进而保障我国地理信息的安全。

四、网络地理信息安全设施保障机制

（一）网络地理信息安全设施管理概述

安全设施是指单位（企业或其他生产部门）在生产经营活动中为减少、预防和消除危害所配备的装置和设备，其目的是把有害的因素掌控在安全范围内。

地理信息安全设施是指地理信息生产和使用管理部门，在地理信息产品生产、使用、储存、转让、销毁等一系列过程中，为对地理信息及其相关产品可能产生的危害和盗窃等非法行为进行减少、预防和消除所配备的设备、装置等。

依据表现形态不同，可将地理信息安全设施分为：硬件设施，如地理信息管理机房、计算机设备、通信设备、磁媒体和其他技术设备等；软件设施，如应用软件、系统软件、开发工具和实用程序等。

依据上述两种分类，地理信息安全设施面临的威胁主要有：

一是硬件设施安全威胁，即地理信息系统物理装备安全所面临的威胁，其中包含地理信息系统的电磁辐射、工作环境差、设备管理不到位等问题，主要面临电磁泄漏、通信干扰、人为泄密、自然灾害等威胁，可以通过加强机房管理、进行相关的数据和系统备份、提高电磁屏蔽能力以及抗干扰能力等方式解决（范力强、张辉，2007）。

二是软件设施安全威胁，即在处于运行过程和运行状态中的地理信息系统所遭受到的安全威胁，包含正常运行地理信息系统时存在的问题；主要面临网络阻塞、网络攻击、网络病毒以及恶意利用系统安全漏洞等威胁。可以通过对访问进行控制、做好应急措施、提升风险分析的能力以及通过漏洞扫描、入侵检测、系统加固、安全审计来加强病毒的预防与治理等。

地理信息安全设施管理所指向的对象主要是无形产品（信息）安全的保护，与其他安全管理领域具有同等或更高的安全地位。地理信息安全设施应指定专人管理，建立目录，标识价值，并提供与设施的价值和重要性相匹配的保护级别（成金爱，2003）。

（二）网络地理信息安全设施管理的必要性分析

1. 安全设施的脆弱性：地理信息安全设施管理的理论依据

在资产或者在资产组中会被威胁所利用的弱点就是脆弱性。信息系统的脆弱性在信息安全保障体系中可以这样理解：有会对系统造成安全危害的弱点（吴世忠，2002）。与此同时，发现系统脆弱性与脆弱性评估有一定关系。我们会在信息系统处理过程中以及信息和软件、硬件中看到脆弱性。息由于存在漏洞会导致信息存在被截获、修改、伪造和丢失的可能性。与此同时，软件也存在着一些漏洞：软件存在执行过程中被中断、删除，在传输中被截获以及被修改的可能性；硬件则存在被盗用和服务中断的可能性；在地理信息设施中，脆弱性可以分为以下七种。

（1）自然脆弱性：这种脆弱性是由于自然灾害或者环境威胁可能对计算机造成的。自然灾害会对计算机造成破坏甚至毁坏信息，它主要包含火灾、洪水、地震和动力故障等类型。因此，特殊的地理信息安全设备防护设施需加装防护罩、防护屏、负荷限制器、行程限制器等，注意防雷、防潮、防晒、防冻、防腐、防渗漏等情况的发生，必要时特殊设备需要加装安全锁闭设施、电器过载保护设施、静电接地设施等。

（2）硬件或软件脆弱性：由于可能会存在失误，一些硬件和软件会对计算机系统的信息保障造成危害。系统会因为软件的脆弱性存在崩溃、易于被穿透或者变得不可靠的可能性。因此，用于地理信息安全检查和地理信息相关安全数据分析的设备、仪器必须根据不同的特性与要求，按照合适的压力、温度、环境等分组分类管理，并设置专人管理和自动报警设备；通过对访问进行控制、做好应急措施、提升风险分析的能力以及通过漏洞扫描、入侵检测、系统加固、安全审计来加强病毒的预防与治理等方面进行管理。

（3）介质脆弱性：由于磁盘和磁带存在被灰尘或尖利物品划伤或者被盗的可能性，因此，须加强对具有储存功能的电子产品（手机、音视频播放器等）以及存储涉密测绘地理信息中的非涉密移动存储介质、涉密移动存储介质在涉密计算机或者涉密信息系统中的管理。

（4）辐射脆弱性：由于在使用电子设备时会有电磁辐射的产生，电子设备可能会被别人监听。地理信息作业场所需要设置必要的防辐射、防静电等设施。

（5）人员脆弱性：在实际中，具有最大脆弱性的是管理和使用计算机设备的人员，其脆弱性表现为贪婪、报复、黑名单等。

对于本单位的工作人员，尤其对于主要涉密人员和相关领导干部，涉密单位要定期对他们进行培训，培训内容主要包括地理信息安全保密形势、技术防范防护知识与技能、测绘与安全保密法律法规知识等，建立领导干部、涉密人员安全保密教育、管理和考核制度等，同时进一步落实工作责任制度，建立健全内部的管理制度，事先做好安全预防工作，通过开展宣传教育活动形成一种固定的机制，定期了解涉密测绘地理信息的使用情况以及存储、处理涉密测绘设备的管理情况。

2. 效率与安全的平衡：网络地理信息安全设施管理的现实依据

地理安全设施管理的主要目的是用技术上先进、经济上合理的装备，采取有效措施，保证地理信息设施高效率、长周期、安全、经济地运行，实现地理信息使用安全与效率的有效平衡。设施管理是地理信息安全管理的一个基础性环节。只有设施管理搞好了，各项地理信息安全工作才能正常有序展开，预防各类事故，在保证信息安全的基础上提高地理信息的共享与使用。

一方面，地理信息安全设施管理可以有效地保护地理信息这一隐形资源。地理信息是一种资源，更是一种无形的资产。它对一个或一些特定的组织有着特定的作用和价值，因此需要像保护其他财产一样加以保护和管理。信息安全就是要在最大范围内保护信息免受或者少受威胁和损坏，保证其效力的正常发挥，保证其作用的最大化。

另一方面，地理信息安全设备管理可以保护地理信息产品的生产与再生产的安全运行。安全设备管理是保证地理信息产品生产和再生产的物质保障，也是我国地理信息技术现代化的基础。地理信息安全设备管理制度先进与否，标志着国家地理信息技术现代化程度和地理信息科学技术共享水平。

搞好地理信息安全设施的管理与保障，不仅是保证简单地理信息产品生产、使用和储存的基本条件，更可以保证涉密国家地理信息的安全，提高国家经济效益，对推动国民经济持续、稳定、协调发展有极为重要的意义。

（三）目前我国网络地理信息安全设施管理存在的主要问题

1. 专门的网络地理信息安全设施管理法律法规缺失

我国在地理信息安全设施管理上没有法律可以依据，这正是我国地理信息安全设施管理方面的法律缺失的重要体现。目前与地理信息安全设施管理最贴近的法律就是《中华人民共和国测绘法》。这部法律是我国地理信息及其相关范畴的“根本大法”。但是从该法律的总则开始，到各项具体规定，并未详见地理信息安全设施管理的相关法律内容。因此，在制定和实施地理信息安全设施管理政策时，往往参考行政部门一时的决定和文件，而无具体法律可以作为基础和参照。

现行地理信息安全设施管理的相关政策和规定主要是依据测绘专业领域相关的政策和法规，而从行政管理层面出发，针对整体性地理信息安全设施管理的政策和法规几乎处于空白程度。由此可见，地理信息安全设施管理政策缺乏国家层面的顶层设计，目前呈现出一种碎片化和区域化的结构，这就直接造成了当前地理信息安全设施管理难以实现整体性治理的原因。

2. 网络地理信息安全的管理部门之间缺乏有效的协同管理机制

地理信息安全设施管理的问题存在已久，随着科技和时代的发展，这种滞后性更加明显地体现出来。目前环境不佳的主要问题在于各级各类地理信息管理部门和单位并未将其作为一种职能之内的职责来看待，不仅出现了“九龙治水”的现象，更出现了资源分散，管理缺失，责任空白等碎片化、分散化的地理信息安全设施管理情况。

各级各类地理信息安全管理部门作为良好监管环境的主要参与者，自身尚且对地理信息安全及其设施管理认识不足，意识淡薄。相关部门主要领导和单位缺乏必要的责任感，主要体现在以下方面。

第一，目前地理信息安全设施管理的职责主要是由专门的地理信息主管部门负责。但是权威分散，其他相关部门推诿或者不闻不问，造成了地理信息安全管理政策发展的严重滞后，各部门、各级政府和相关各单位团体之间无法形成协同有效的“共治”局面，没有形成“线条式”和“板块式”的横向与纵向的系统性配合，所以这是造成地理信息安全设施政策发展滞后和管理缺失的重要原因。

第二，部分地理信息相关企业或境内境外等机构及非政府组织（NGO），利用某些地方政府招商引资的任务，以论证、考察为名，获取相关地方的各类地理信息数据和地理信息安全设施的管理情况。

第三，地理信息管理部门（单位）为降低各类地理信息安全设施的管理成本，通常选择放弃或购买过时的地理信息安全设备。在地理信息技术迅速发展的当代，地理信息安全设备更新换代速度极快，为节约成本而放弃或者购买过时的地理信息安全设施无疑是将我国地理信息安全的“大门”敞开的行为。

第四，目前我国地理信息安全管理部门对国内外相关地理信息安全法律法规研究较少，由于相关地理信息安全的法律法规的缺失，导致了无法建立健全地理信息安全设施的管理制度。

第五，地理信息安全管理部门未能及时针对我国实际的地理信息使用情况，明确相关的设备管理制度和措施，从而导致未能形成对涉密地理信息安全保密管理情况的定期检查。

3. 网络地理信息安全设施管理理念滞后

我国现行的地理信息安全体制为一种“倒金字塔”型的状态，即重上层（安全保密）、轻下层（安全技术），无意间造成地理信息安全意识淡薄。这种安全意识单薄直接造成了地理信息安全管理理念的滞后。

第一，地理信息安全技术要求高，普通民众难以认知，同时加上技术崇拜的影响，我国地理信息安全还处于一种简单的传统库房和物件管理的微观管理理念中。这对于目前迅速发展的地理信息安全设施管理是非常不利的。信息化条件下，传统的安全设施管理理念已经完全不能适应新形势下的地理信息安全设施管理要求。

第二，目前我国对地理信息安全及其设施管理的关注度低，也是导致设施安全管理理念滞后的重要原因。因为我国地理信息覆盖面较广，各项技术的应用纷繁复杂，同时与社会公众生活无直接关系，地理信息安全在民众社会生活中处于边缘化的地位，所以地理信息及其安全设施的管理往往被社会忽略。

第三，地理信息安全设施管理标准模糊。由于地理信息安全与设施管理具有较高的专业化特征，公众难以识别哪些是可以共享的地理信息设备，哪些是安全保密范围内的地理信息安全设施。这样也就造成了地理信息安全及设施管理的基本要求和标准的模糊化。目前社会上多数公众对地理信息相关法律法规及保密相关法律法规处于“无知”的空白状态，进一步增加了地理信息安全设备管理微观制度建设的难度。

第四，随着现代网络技术的发展，公民普遍使用如谷歌地图、百度地图一类的网络地理信息设备，这样从另一个层面直接导致了安全防范意识逐渐降低。社会公众淡薄的地理信息安全意识为地理信息安全设施管理制度的建设和保障带来极大障碍。

（四）国外网络地理信息安全设施管理的经验借鉴

由于地理信息技术在欧美国家发展较早，因此美国、英国、日本等发达国家具有较为完善的地理信息安全设施管理政策，同时在实际执行和操作方面也较之国内先行一步。所以，通过对发达国家地理信息安全设施管理政策、法律实践的比较分析，可以从中探寻值得我国借鉴的有益经验。

1. 美国网络地理信息安全设施管理政策

美国在网络地理信息安全设施管理方面的主要政策有：

（1）将网络地理信息安全设施的管理政策提升到国家战略层面的地位

在美国国家安全战略中地理信息安全设施管理政策扮演着十分重要的角色，自“9·11”事件之后，美国政府将地理信息安全设施管理作为国土安全战略的重要方面之一。早在1998年美国政府就颁布了《关于保护美国关键基础设施的第63号总统令》，这标志着美国对于安全设施的重视上升到了一个新高度。“911”事件之后，美国政府出台了《国土安全国家战略》，里面对美国地理信息安全设施如何保护给出了相应的方法。2003年的《保护网络空间安全国家战略》将包括地理信息安全设施在内的关键基础设施保障作为国家优先项目。在2006年的《国家基础设施保障计划》中又一次加以强调。

（2）建立网络地理信息安全设施协同管理体系

2001年10月，美国联邦政府成立国土安全办公室，该办公室的职责之一就是负责国家地理信息安全设备的保障和管理工作。在2002年11月实施的《国土安全法》中又做出了这样的规定：要将国土安全办公室取消，与此同时要设立国土安全部，地理信息安全设施的管理和保护也上升到了国家最高层面。美国国土安全部的具体分工如下：地理信息安全设施的日常管理与维护工作交由下辖的美国国家保护与计划司（NPPD）承担；制定保障美国重要地理信息和资源的基础安全设施的综合性国家的详细计划由信息分析和基础设施保障局（IAIP）负责，以保证地理信息与资源的安全；在行政编制上，国家关键基础设施保障中心（NIPC）、基础设施保障委员会（CIAO）和联邦计算机事件响应中心一起并入信息分析和基础设施保障局（IAIP）。

除了内部层面的政策调整，在各部门之间的协同上，要将国土安全部作为管理中心，设立国家网络安全和通信集成中心（NCCIC），成立国家网络安全中心（NCSC）、计算机应急响应小组（U.S.CERT）、国家电信协调中心（NCC），组成国家基础设施安全保护体系，目标是提高跨领域合作应对突发安全设施管理危害事件的能力。

与此同时，在以国土安全部为中心的前提下，与美国国务院、司法部、内政部、商务部、国家情报委员会、联邦通信委员等部门进行合作，并明确各部门在地理信息安全设施管理方面的角色和责任。令人关注的是，美国政府引入了军队的角色参与到地理信息安全设施管理中：美国国防部领头，每个军种（空军、海军、陆军）都设立了包括地理信息安全设施在内的关键基础设施保障局。

（3）建立网络地理信息安全设施专业保障团队

为了应对国内外的各种威胁和挑战，美国政府建立国家基础设施保卫部队，主要任务是保护包括地理信息安全设施在内的各种关键设施。这类保障团队，主要是以雇佣的方式，将军人、国民警卫队、专家、地理信息设施维护管理人员等各行人员结合为一个整体，发挥重要的作用。

从美国的经验可以总结出，必须将国家地理信息安全设备的管理纳入国家战略层面，统筹规划，顶层设计。联系多方力量，统筹兼顾，适时地利用军方的力量完善地理信息安全设施管理体系，保证政策制定和运行的正常实现。

2. 欧盟网络地理信息安全设施管理政策

（1）强调网络地理信息安全设施管理政策的“独立性”

“独立性”这一特征在欧洲的地理信息技术和空间技术发展的过程中得以凸显，强调这一特征主要是为了在保证地理信息安全的前提下，来实现欧洲各国各地区地理信息的保密性和资源最大化的利用。“独立性”可以为地理信息安全设施的管理和保护提供稳定的理论基础，从而保证地理信息技术安全和国土安全。在此基础再参加地理信息安全设施管理与保护的国际合作，就可以在吸取其他国家和地区经验的基础上，保证自身地理信息的安全性。

（2）统筹建设数据接收处理系统，促进对地观测

欧盟地理信息安全设施的管理政策中，在共享方面是基于欧盟协议与各国法律建立的，这个共享与美国的共享政策有所区别。欧盟表示要想通过国际合作和区域间协调，实现统筹规划和部署地理信息安全设施管理经验与政策的共享，只有在全球环境与安全计划的框架下才能进行。这一政策的出发点是基于欧盟法律法规，并结合欧盟自身“非国家”身份而制定的，具有欧盟这一特殊联合体的特殊性。

对于欧盟的经验，我国可以借鉴其“独立性”，即在保证我国地理信息安全设施安全的情况下，进行国际的交流与合作、地区间的协同与共享，这是地理信息安全与国家安全的基本出发点。

3. 日本网络地理信息安全设施管理政策

日本国土面积较小，在地理类型划分上属于“海洋性国家”，所以在地理信息安全设施管理方面也就具有其独特性。2009年，日本国土交通省国土地理院出台了关于日本地理信息的一份长期规划，这个规划为了追求地理信息以及测绘的精度，采用了提前公开基础测绘的对象和范围的方式。这个从侧面推动了日本地理信息安全设备管理政策的制定和发展。日本的相关政策中认为，地理信息安全设施是一种基础性设施，是构建和保障良好的地理信息应用环境的前提条件，所以必须促进地理信息安全设施的管理与保护。日本的地理信息安全设施管理政策的重点与独特性在于：日本将其视为国家基础的一部分，如果地理信息安全及其设施不能得到很好的保护，那日本就会存在国家遭受侵略或者败亡的危险。所以日本将相关管理政策上升到了国家存亡的层面进行讨论，力求精准、细致、实用和具有普遍适用性，其中对于微观的政策尤为关注。

（五）完善我国网络地理信息安全设施保障机制

1. 宏观层面

（1）完善网络地理信息安全设施管理的法律体系和标准

我国目前虽然已经初步建立了相应的地理信息安全等级划分和保护制度，但是总体看来，在地理信息安全设施管理方面还缺乏体系化的安全立法。在构建地理信息安全设施管理政策体系之前，必须要完善相关法律体系的构建。完善的法律体系，是政策构建和执行的基础和保障。

我国地理信息安全设施的法律体系建设可以考虑借鉴国外，尤其是欧美等发达国家的相关立法措施，首先建立一个具有权威性的地理信息安全设备管理机构（委员会），划归测绘地理信息管理部门隶属。同时立足于分析我国地理信息安全设施管理目前存在的不足和问题，以中国的国情和实际情况为基础，抓紧完善我国地理信息安全设施的法律体系。从法律层面上明确地理信息安全设施建设的重要性和紧迫性，为地理信息安全设施管理政策的构建提供坚实的法律基础。

（2）建立网络地理信息安全设施共建共享机制

地理信息安全设施管理政策的制定和执行单靠测绘地理信息部门是无法完成的，需要多个领域的部门和各类组织的通力合作。地理信息安全影响的范围广，涉及的部门多，如果没有共同努力，是无法形成科学、完善的地理信息安全设施管理体系的。

地理信息安全设施的共享机制也是地理信息安全设施安全管理的重要方面。我国目前地理信息及其各类设施共享范围过于狭窄，不能形成稳定的共享机制。在这方面，可以借鉴美国的信息共享机制，来制定和完善我国地理信息及其安全设施的共享机制，完善我国地理信息安全设施管理政策。

具体的措施是：通过地理信息主管部门（行政管理部门）制定基本的法规，地理信息安全设施提供商可以向公私各类企业招标引进，这样可以促进新设备和新技术的生产；组成专家队伍和部分公众代表（与地理信息联系较为密切的行业的从业人员为主），共同提出意见和建议，建立初步的地理信息安全设施管理政策框架；将初步拟定的框架草案，交由试点的运营单位（地理信息的生产、使用、储存等部门和单位）进行试运行，找出政策执行中的不妥之处，再反馈给相关专家修改；成立专门的地理信息安全监督管理机构，专门监督管理地理信息各项设备和安全管理的施行情况，保证地理信息安全设施的共建共享的完成。

（3）明确网络地理信息安全设施主管部门的安全职责

地理信息安全设施的管理与保护涉及多个领域的众多部门和单位，这些部门与单位的协调和相关资源的整合需要政府主管部门的统一运作。明确政府各部门在地理信息安全设施管理方面的职责是实现地理信息安全的基础前提。

国土资源部和国家测绘地理信息局应该承担总体负责和统筹协调的主要职责，在地理信息安全设施管理方面的主要职责是：确定地理信息安全管理设施的分类和等级划分；分析地理信息安全设施的脆弱性和不足性；整合和协调不同部门和单位之间地理信息安全设施管理活动；审议每年度相关部门提交的地理信息安全设施管理报告，并根据汇总的意见进行修改，制定下一年度的更正措施，优化地理信息安全设施管理体系。

下属和地方各级行业主管部门负责本行业在相关领域和层级上的地理信息安全设施的管理和保护工作。对上一级国土资源部门和测绘地理信息部门负责。

结合目前分管国家安全领导小组的实际情况，在国土资源部门和测绘地理信息部门的统筹下，加强整体性地理信息安全设施的管理能力，通过分析电信、能源电网、商业、金融、交通等其他重要协管部门的情况，明确他们的职责，由其负责各自领域的管理和保护工作。加强各行业主管部门与地理信息安全专管部门的联系。同时由公安部、国家保密局、国家安全部等相关安全管理职能部门备案，保证重要地理信息安全设施基础的保护职责。

2. 微观层面

（1）制定严密的库房管理措施

为了保障涉密地理信息的安全，库房的管理政策应该从涉密的角度出发，具体的政策主要分为十个主要组成部分：一是库房或设备存放地点是涉密信息的重要存储和传递部门，应该严格规定人员出入情况，通过登记和批准制度，保证库房出入人员的简单性和安全性。如进入库房必须登记人员数量、姓名、职务、进入时间、离开时间、以及具体目的。在离开库房之前，必须由专门的库房管理人员进行检查，确保库房内部设备和信息的完整和安全，登记备案后方可允许进入人员离开。二是库房应该保证固定和安全，不得随意调换和更换地点。如必须调换或更换地点，则必须请示上级部门，在得到同意批复之后方可进行调换和更换。库房内还应具备完善的安保设备和安保人员，保证库房的安全。安保人员必须经过上岗资质的审查，经过专业的培训和训练，熟悉涉密网络地理信息方面的基本安全知识和安全制度，保证其工作的效率。三是库房内设备和资料的更换、传输和外借必须严格执行登记制度，表明登记人和登记日期、时间，保证库房涉密信息的安全。登记记录必须由专人管理，并且设立记录复查制度。四是库房必须根据不同的设备进行不同程度的物理防护，如防火、防潮、防风、防尘、防晒等。五是对于外来新设备与软件或者输入涉密信息要经过审查和备案，通过专业的信息安全部门进行安全性和保密性的审查，确保所进入设备、软件和信息的安全。六是根据不同设备的需要安装不同的监控设备，保证不同设备的正常运转。制定定期检查制度，保证设备运转良好。七是库房内部设备及相关工具和信息资料实行专人专管，专物专管，不存放其他不相关的物品。八是建立定期的清算检查制度，保证库房内相关设备和保存信息的安全和完整。九是保持库房的清洁，保证各种设备运转正常。定期使用专业的方式进行清洁和打扫，保持库房的整齐。十是建立每日巡查和值班制度，保证库房24小时处于涉密安保状态，保证库房及其设备的完全和完整。

（2）完善地理信息网络与计算机安全的管理与维护措施

第一，地理信息专业管理员在上岗前需要配有固定的信息终端设备。相关人员应该在日常工作中保持设施设备的整洁与放置位置正确得体，散热工作良好。

第二，在将安全设施及其相关管理任务分配给员工前，信息技术部门应该将配置等信息登记在案，并对设备进行全面的检查清理与维护，确保电脑处于可正常运行的状态。

第三，由于设施故障引起的相关问题导致安全管理人员无法正常工作时，要尽快与信息技术部门取得联系，并且在信息工作联系单中将故障或问题的具体情况写明，以确保信息技术部门能够尽快将问题解决。

第四，相关人员在工作时间内不允许使用安全设施进行与工作无关的事项。

第五，任何人不论在何时都禁止对地理信息安全设施上的属性参数进行更改。

第六，设施、设备的维护人员要对公司计算机进行定期的检查与维护，并将检查和维护的结果进行登记。

第七，当地理信息安全设施在正常运行的过程中出现故障，而设施的维护人员又无法及时对设施进行检查和维护时，为使工作能够正常进行，可以根据实际情况启用备用设备。

第八，如果工作人员发生工作调动或者离职等情况时，有关责任部门根据原工作人员的工作情况将安全设施的所有权移交给相关部门，还要尽快将新的保管与责任人员确定下来。

第九，保证硬件设备的运转正常，制定巡视制度和定期检查制度，划定具体的责任人，责任落实到个人，进行定期的评分考核，查漏补缺，保证硬件设备的正常运转和定期更新。

第十，计算机机房的建立必须要符合国家标准和国家相关规定，只有这样才能保证硬件设备周边地区的安全和保密。只有得到国家相关部门的审批，才能在计算机机房附近进行施工、居住、生产等活动，不得擅自在相关机房等硬件设置周边进行非正常的活动，防止发生危害信息系统安全的情况。

（3）健全地理信息安全网络设施管理与维护政策措施

第一，定期对地理信息安全网络设施进行检查与维护（至少一星期一次），还要对网络主干道的交换机与路由器进行定期的重启和维护，来达到删除无用数据包的目的，还要将检查情况及时记录下来。

第二，禁止非专业维护人员对地理信息安全网络设备进行任何维护操作。如果遇到关于网络设备的问题，尽快与信息技术部门取得联系，并且在信息工作联系单中将故障或问题的具体情况写明。

第三，地理信息安全网络设备一定要做防水防潮防静电工作，也就是将设备放在应该放的地方。

第四，为了保证在紧急情况下，网络工作可以正常进行，要对比较重要的地理信息安全网络设备做好备用准备。

第五，为了保证地理信息安全工作能够正常运行，每天都要对地理信息安全网络中的安全设备(包括防火墙、路由器等）进行及时查看与维护，在必要时要能够及时更新或改变系统。

第六，如果遇到放假或者停电的情况，要做好准备工作，提前对设施进行断电。

第七，为确保设施在发生故障时能够得到快速处理，有关部门对于普通网络设备也要做好备用准备。

（4）完善地理信息系统设备与服务器的管理与维护政策措施

第一，系统设备和服务器是地理信息安全设施中的核心设施，需要给这些设备提供恒温的运行环境，还要给这些设备提供专门的机房用于运行与保管。

第二，对于买入的相关设备要及时登记配置参数、品牌与型号，如果配置发生了改变同样也要做好记录工作，对于设备上运行的每一个软件都要记录在案。

第三，要安排相关管理人员对设备每天的使用情况进行监控与记录，同时还要对地理信息安全系统和服务器系统进行定期的重启与检查，并且要及时做好设备检查与维护情况的记录工作。

第四，需要在记录手册上对地理信息安全系统和服务器上的系统配置和网络配置参数情况进行登记。

第五，相关部门要对服务器的 UPS 电源能否正常工作进行定期的检查，因为系统的正常运行需要稳定的电源。如果出现停电的情况，需要在 UPS 供电时限内立即关闭服务器，以免系统和 UPS 电源受到损坏。

第六，要制定相关的机房管理制度，并对服务器所在的机房严格执行相关要求。

（5）进一步严格地理信息安全软件管理与维护

第一，在软件的安装管理方面，要通过专业信息部门的审核和批准，保证软件的安全性和可靠性，对软件的“后门”情况进行详细的审查，保证网络地理信息相关软件的安全性得到切实的保障。这类保障可以通过专项的立法工作，形成成文的相关条款，保证规定执行的保证性。

第二，在软件的使用和备份方面，必须要细化使用的过程使用的领域、使用的方法、使用的人员及其资质、以及使用的时间和具体次数等，明确责任制度，责任落实到人。同时软件使用过程中的相关规定要实行登记制度，保证存档和备份，如果人员了解“涉密计算机系统软件的相关配置情况以及含有涉密内容的各种软件，则不能公开地进行学术交流，各部门不得擅自对外进行发表”。还要备份软件在使用中出现的相关情况和问题，以及各种不同软件相互配合使用的具体情况。

第三，在软件更新和停用方面，同样需要建立专业信息部门的审批程序，明确软件在更新前需要进行安全性和完整性的确认，在更新时候需要实行登记和备份制度。软件在确认过期、过时、失效和发生泄密情况时，必须实行停用制度。相关停用制度，需要通过上报和审批，通过安全的方法进行停用，并且备案登记。

（6）明确地理信息安全设施违规损坏的惩罚办法

因为以下主观因素而导致的责任事故，造成信息设备发生损坏，应予赔偿。

第一，未经允许自行拆卸或更换计算机及网络设施硬件的；

第二，未经允许自行将地理信息安全设施上的有效文件及数据删除的；

第三，未经允许自行在地理信息安全设施连接个人地理信息设备的；

第四，未经允许私自调换和操作地理信息安全设施的；

第五，由于相关责任人未按照规定操作造成地理信息安全设施损坏的；

第六，由于监管不到位而导致责任人或部门信息设备丢失的，离职员工的离职日期按照人力资源处给出的解除劳动合同的日期。

如果发生以下主观原因导致的事项一次，对相关负责人追究法律责任。

第一，如果发生设备的相关责任人不允许信息管理人员对其地理信息安全设施进行查看、操作、管理情况的；

第二，使用不正当方法破解、攻击地理信息安全设施的；

第三，私自安装违法地理信息系统和设施的；

第四，私自安装扰乱、破坏地理信息安全设施的软件的；

相关部门（负责人）如果出现以下由于主观原因导致的事项一次（或被发现一次），对其追究重大法律责任。

第一，私自使用地理信息安全设施进行私人活动的；

第二，从事与工作无关的非私人（商业行为等）地理信息安全操作行为的；

第三，相关责任人员未按要求维护和保养地理信息安全设施，造成设备卫生状况差、周边环境差的；

第四，在办公场所未按要求堆放闲置或者不用的地理信息安全设备的。

主要参考资料

[1]《中华人民共和国测绘法》

[2]《中华人民共和国基础测绘条例》

[3]《中华人民共和国地图编制出版管理条例》

[4]《中华人民共和国测绘成果管理条例》

[5]《国务院关于加强测绘工作的意见》

[6]《关于整顿和规范地理信息市场秩序的意见》

[7]《关于加强国家版图意识宣传教育和地图市场监管的意见》

[8]《地图审核管理规定测绘行政执法证管理规定》

[9]《外国的组织或者个人来华测绘管理暂行办法》

[10]《关于导航电子地图管理有关规定的通知》

[11]《重要地理信息数据审核公布管理规定》

[12]《测绘标准化工作管理办法》

[13]《测绘资质分级标准》

[14]《测绘资质管理规定》

[15]《地图内容审查上岗证管理暂行办法》

[16]《公开地图内容表示补充规定（试行）》

[17]《关于加强测绘地理信息法治建设的若干意见》

[18]《关于加强地理信息市场监管工作的意见》

[19]《关于加强地图备案工作的通知》

[20]《关于加强网上地图管理的通知》

[21]《关于加强互联网地图管理工作的通知》

[22]《关于加强互联网地图和地理信息服务网站监管的意见》

[23]《关于进一步贯彻执行〈测绘资质管理规定〉和〈测绘资质分级标准〉的通知》

[24]《关于涉密测绘成果行政审批与使用管理有关问题的批复》

[25]《国务院办公厅转发测绘局等部门关于加强国家版图意识宣传教育和地图市场监管意见的通知》

[26]《关于加强互联网地图和地理信息服务网站监管的意见》

[27]《关于加强涉密测绘地理信息安全管理的通知》

[28]《关于进一步贯彻落实测绘成果核心涉密人员保密管理制度的通知》

[29]《关于进一步加强互联网地图服务资质管理工作的通知》

[30]《关于进一步加强网络地图服务监管工作的通知》

[31]《基础地理信息公开表示内容的规定（试行)》

[32]《关于印发甲级测绘资质审批程序规定等10项行政审批程序规定的通知》

[33]《国家测绘地理信息局互联网电子邮件系统管理暂行办法(试行)》

[34]《国家测绘地理信息局机关网络信息系统安全管理暂行规定（试行)》

[35]《国家测绘局关于进一步加强涉密测绘成果行政审批与使用管理工作的通知》

[36]《互联网地图服务专业标准》

[37]《互联网地图审查要求》

[38]《计算机信息网络国际联网安全保护管理办法（公安部令第33号)》

[39]《全国人民代表大会常务委员会关于维护互联网安全的决定》

[40]《中华人民共和国计算机信息系统安全保护条例》

[41]《地图管理条例》

[42]《中华人民共和国网络安全法》

[43]《关于加强实景地图审核的通知》

[44]《外国组织来华测绘暂行办法》

[45]《网络出版服务管理规定》

[46] 何建邦、闾国年、吴平生:《地理信息共享的原理与方法》，科学出版社 2003 年版。

[47] 陆浪如:《信息安全评估标准的研究与信息安全系统的设计》，解放军信息工程大学出版社 2001 年版。

[48] 卢新德 . 构建信息安全保障新体系 [M] . 北京：中国经济出版社，2007 年版。

[49] 国家测绘局编:《保密工作法规文件选编》，测绘出版社 2009 年版。

[50] 国家测绘局编:《测绘成果保密工作法规文件选编》，测绘出版社 2009 年版。

[51] 陈常松:《地理信息共享的理论与政策研究》，科学出版社 2003 年版。

[52] 杨义先等:《网络信息安全与保密》，北京邮电学院出版社 1999 年版。

[53] 金涛、张晓伟:《信息安全策略与机制》，机械工业出版社 2004 年版。

[54] 张世永主编:《网络安全原理与应用》，科学出版社 2003 年版。

[55] 朱长青、周卫、吴卫东、赵晖、刘旺洪:《中国地理信息安全的政策和法律研究》，科学出版社 2015 年版。

[56] 梅挺:《网络信息安全原理》，科学出版社 2009 年版。

[57] 王凤英:《访问控制原理与实践》，北京邮电大学出版社 2010 年版。

[58] 牛少彰、崔宝江、李剑:《信息安全概论（第 2 版）》，北京邮电大学出版社 2007 年版。

[59] Matt Duckham, Michael F. Goodchild, Michael Worboys (2003), *Foundations of Geographic Information Science*, Florida : CRC Press

[60]《15 项测绘地理信息国家和行业标准通过审查》，人民网，2011 年 7 月 27 日。

[61] 钟耳顺、刘利:《我国地理信息产业现状分析》，《测绘科学》，2008 年第 1 期。

[62]张清浦、苏山舞、赵荣:《地理信息保密政策研究》，《测绘科学》，2008 年第 1 期。

[63] 何建邦、吴平生、余旭等:《地理信息资源产权政策研究》，《测绘科学》，2008 年第 1 期。

[64] 李根洪、陈常松:《我国地理信息相关的政策法规》，《地理信息世界》，2003 年第 1 期。

[65] 刘若梅、蒋景瞳:《地理信息的分类原则与方法研究》，《测绘科学》，2004 年第 7 期。

[66] 王泽根、张毅、赵斌等:《网络 GIS 信息安全研究》，《测绘学院学报》，2004 年第 1 期。

[67] 尹建国:《美国网络信息安全治理机制及其对我国之启示》，《法商研究》，2013 年第 2 期。

[68] 肖志宏、赵冬:《美国保障信息安全的法律制度及借鉴》，《中国人民公安大学学报》（社会科学版）2007 年第 5 期。

[69] 于鹏、解志勇:《美国信息安全法律体系综述及其对我国信息安全立法的借鉴意义》，《甘肃行政学院学报》，2009 年第 1 期。

[70] 吴远:《“动态治理”——日本信息安全制度及密级划分制度的

启示》，《办公室业务》2012年第4期，第49—50页。

[71] 张光博：《国外网络信息立法对我国的启示》，《现代情报》，2004年第9期，第54—57页。

[72] 马海群、范莉萍：《俄罗斯联邦信息安全立法体系及对我国的启示》，《俄罗斯中亚东欧研究》，2011年第3期，第19—26页。

[73] 王磊：《俄罗斯信息安全政策及法律框架之解读》，《海外视点》，2009年第8期，第50—52页。

[74] 刘亚莉：《俄罗斯重视加强信息领域的安全保障》，《情报杂志》，2001年第9期，第86—86页。

[75] 赵晖：《网络地理信息安全监管的模型建构》，《行政论坛》，2018年第5期，第129—135页。

[76] 徐继芳等：《网络环境下的地理信息安全问题的探讨》，《黑龙江科技信息》，2004年第9期，第97—97页。

[77] 任丙强：《我国互联网内容管制的现状及存在的问题》，《信息网络安全》，2007年第10期，第33—36页。

[78] 张博：《互联网信息安全监管现状与对策分析》，《重庆科技学院学报》（社会科学版），2012年第21期，第106—108页。

[79] 秦颖慧、秦潇：《论网络监管法律制度的完善》，《中共银川市委党校学报》，2011年第2期，第78—79页。

[80] 李祥：《网络时代互联网信息安全对策研究》，《商业经济》，2010年第12期，第112—114页。

[81] 许惠、朱长青：《我国互联网地图安全政策法规探析》，《测绘与空间地理信息》，2013年第11期，第78—81页。

[82] 陈万志等：《互联网地理信息安全监管平台架构研究》，《测绘通报》，2011年第8期，第73—75页。

[83] 张书亮、吴宇、徐洁慧、闾国年：《网络GIS及其内容体系和应用分析》，《地球信息科学》，2007年第2期，第6—8页。

[84] 孙江、丁国仁、王俊、董国权：《七分管理三分技术建立差异化网络与信息安全防护机制》，《电信技术》，2011 年第 5 期，第 24—25 页。

[85] 聂元铭、马琳、高强：《加速建设高素质信息安全人才队伍的思考》，《信息网络安全》，2010 年第 9 期，第 16—18 页。

[86] 白洁：《围城——信息安全人才的培养和就业—信息安全人才面面观之人才就业篇》，《信息安全与通信保密》，2010 年第 1 期，第 27—30 页。

[87] 王海晖、谭云松、黄文芝、伍庆华：《信息安全专业人才培养模式探讨》，《武汉化工学院学报》，2006 年第 5 期，第 56—59 页。

[88] 聂元铭、马琳、高强：《加速建设高素质信息安全人才队伍的思考》，《信息网络安全》，2010 年第 9 期，第 56—59 页。

[89] 吕欣：《构建国家信息安全人才体系的思考》，《信息网络安全》，2006 年第 6 期，第 8—10 页。

[90] 刘宝旭：《浅谈信息安全学科建设与人才培养》，《北京电子科技学院学报》，2006 年第 1 期，第 10—12 页。

[91] 李雪：《我们的目标是培养信息安全顶尖人才——专访北京邮电大学信息安全中心主任杨义先教授》，《信息安全与通信保密》，2009 年第 12 期，第 39—41 页。

[92] 卢新德：《建立健全信息安全保障机制的战略设想》，《山东社会科学》，2006 年第 3 期，第 85—87 页。

[93] 范力强、张辉：《网络通信安全保障浅析》，《安防科技》，2007 年第 11 期，第 59—62 页。

[94] 王娜、方滨兴、罗建中、刘勇：《“5432 战略”：国家信息安全保障体系框架研究》，《通信学报》，2004 年第 7 期，第 1—9 页。

[95] 成金爱：《浅谈信息安全管理措施》，《网络安全技术与应用》，2003 年第 2 期，第 20—23 页。

[96] 逄建、张广胜、于朝萍：《基于 Petri 网的网络系统脆弱性评估》，

《第十九次全国计算机安全学术交流会论文集》2004 年。

[97] 苏晓娟、钟建强、毛钧庆:《美国加强关键基础设施保障的主要举措探析》,《信息安全与通信保密》,2014 年第 5 期,第 63—69 页。

[98] 江琦:《国外地理国情监测经验借鉴与思考》,《甘肃科技》,2014 年第 7 期,第 44—47 页。

[99]董艳芳:《信息伪装技术概述》,《科技创新导报》,2009 年第 32 期,第 224—224 页。

[100] 李慧、刘东苏:《一个新的信息安全管理模型》,《情报理论与实践》,2005 年第 1 期,第 97—99 页。

[101] 卢卫星:《浅析信息安全应急响应体系》,《科技创新导报》,2011 年,第 27—28 页。

[102] 王娜、方滨、罗建中、刘勇:《"5432 战略":国家信息安全保障体系框架研究》,《通讯学报》,2007 年第 7 期,第 1—9 页。

[103] 张山山:《地理信息系统数据模型分析》,《测绘与空间地理信息》,2018 年第 9 期,第 8—15 页。

[104] 刘波、严俊、姚茂华:《地理信息安全加密系统的实现与应用》,《测绘通报》,2017 年第 2 期,第 106—108 页。

[105] 朱长青、任娜:《我国地理信息安全政策与法律的现状与问题》,《测绘通报》,2015 年第 11 期,第 112—114 页。

[106] 周鸿昌、吕雁华:《国外地理信息安全政策和法律建设研究》,《测绘通报》,2015 年第 11 期,第 115—118 页。

[107] 钱宁峰、李芸:《美国地理信息安全立法经验与借鉴》,《世界经济与政治论坛》,2015 年第 11 期,第 52—61 页。

[108] 叶润国、吴迪、韩晓露:《地理信息大数据安全保障模型和标准体系》,《科学技术与工程》,2017 年第 36 期,第 105—111 页。

[109] 杜晓、刘建军、杨眉、刘剑炜、赵文豪、李嬰:《基础地理信息跨尺度联动更新规则体系研究》,《测绘通报》,2017 年第 3 期,第

104—107 页。

[110] 周卫、朱长青、吴卫东:《我国地理信息定密脱密政策存在的问题与对策》,《测绘科学》,2016 年第 1 期,第 76—79 页。

[111] 张瑞洁、田原、刘思叶、王雯夫:《即时通信文本中地理信息提取——以微信为例》,《北京大学学报》(自然科学版),2016 年第 11 期,第 985—189 页。

[112] 陈会仙、程滔、白敬辉、李小奇:《国家互联网地理信息监管现状及趋势研究》,《测绘科学》,2016 年第 10 期,第 153—158 页。

责任编辑：崔继新
封面设计：肖　辉
版式设计：东昌文化

图书在版编目（CIP）数据

中国网络地理信息安全的政策研究 / 赵晖　著．—北京：人民出版社，
2019.12
ISBN 978－7－01－021546－4

Ⅰ. ①中…　Ⅱ. ①赵…　Ⅲ. ①计算机网络－应用－地理信息系统－
信息安全－研究－中国　Ⅳ. ① P208–39

中国版本图书馆 CIP 数据核字（2019）第 269065 号

中国网络地理信息安全的政策研究
ZHONGGUO WANGLUO DILI XINXI ANQUAN DE ZHENGCE YANJIU

赵　晖　著

人民出版社 出版发行
（100706　北京市东城区隆福寺街 99 号）

天津文林印务有限公司印刷　新华书店经销

2019 年 12 月第 1 版　2019 年 12 月第 1 次印刷
开本：710 毫米 ×1000 毫米 1/16　印张：17.25
字数：235 千字

ISBN 978－7－01－021546－4　定价：58.00 元

邮购地址 100706　北京市东城区隆福寺街 99 号
人民东方图书销售中心　电话（010）65250042　65289539